$$f'(x) = f'(\,(u(x))\,)$$

$$f'(x) = u'(bx)\, b'(x)$$

Analysis 2

$$f'(x) = u\,(x)\, 'v\,(x)$$

$$f'(x) = (u \cdot v)' = u'v + u\,v'$$

Die Analysis zwei besteht aus der Kettenregel, der Produktregel und der Quotientenregel.

Die Kettenregel ist eine der Grundregeln der Differentialrechnung. Sie trifft Aussagen über die Ableitung einer Funktion, die sich selbst als Verkettung von zwei differenzierbaren Funktionen darstellen lässt. Kernaussage der Kettenregel ist dabei, dass eine solche Funktion selbst wieder differenzierbar ist und man ihre Ableitung erhält, indem man die beiden miteinander verketteten Funktionen separat ableitet und – ausgewertet an den richtigen Stellen – miteinander multipliziert.

Die Kettenregel lässt sich verallgemeinern auf Funktionen, die sich als Verkettung von mehr als zwei differenzierbaren Funktionen darstellen lassen. Auch eine solche Funktion ist wiederum differenzierbar, ihre Ableitung erhält man durch Multiplikation der Ableitungen aller ineinander verschachtelten Funktionen.

Die Kettenregel bildet einen Spezialfall der mehrdimensionalen Kettenregel für den eindimensionalen Fall.

Ihr Gegenstück in der Integralrechnung ist die Integration durch Substitution.

Die Produktregel oder Leibnizregel (nach G. W. Leibniz) ist eine grundlegende Regel der Differentialrechnung. Sie führt die Berechnung der Ableitung eines Produktes von Funktionen auf die Berechnung der Ableitungen der einzelnen Funktionen zurück.

Eine Anwendung der Produktregel in der Integralrechnung ist die Methode der partiellen Integration. Für den Fall, dass eine der beiden Funktionen konstant ist, geht die Produktregel in die einfachere Faktorregel über.

Aussage der Produktregel[Bearbeiten | Quelltext bearbeiten]

Sind die Funktionen u und v von einem Intervall D. in die Menge der reellen oder der komplexen Zahlen an einer Stelle x_a differenzierbar, so ist auch die durch f (x) = u (x) v (x) für alle $x \in D$ definierte Funktion f an der Stelle differenzierbar, und es gilt oder kurz

$$(uv)` = u`v + uv`$$

Quotientenregel

Zur Navigation springen. Zur Suche springen

Die Quotientenregel ist eine grundlegende Regel der Differentialrechnung. Sie führt die Berechnung der Ableitung eines Quotienten von Funktionen auf die Berechnung der Ableitung der einzelnen Funktionen zurück.

Sind die Funktionen u(x) und v (x) von einem Intervall D in die reellen oder komplexen Zahlen an der Stelle x = x_a mit v = $(x_a) \neq 0$ differenzierbar, dann ist auch die Funktion f mit

$$f(x) = \frac{u(x)}{v(x)}$$ **an der Stelle differenzierbar und es gilt:**

$$f`(x_a) = \frac{u`\,(xa)v\,(xa) - u(xa)v`(xa)}{(v(xa))^{\underline{2}}}$$ **. In Kurzschreibweise:$\left(\frac{u}{v}\right)$**

$$`= \frac{u`v - u\,v`}{v^{\underline{2}}}.$$

Herleitung

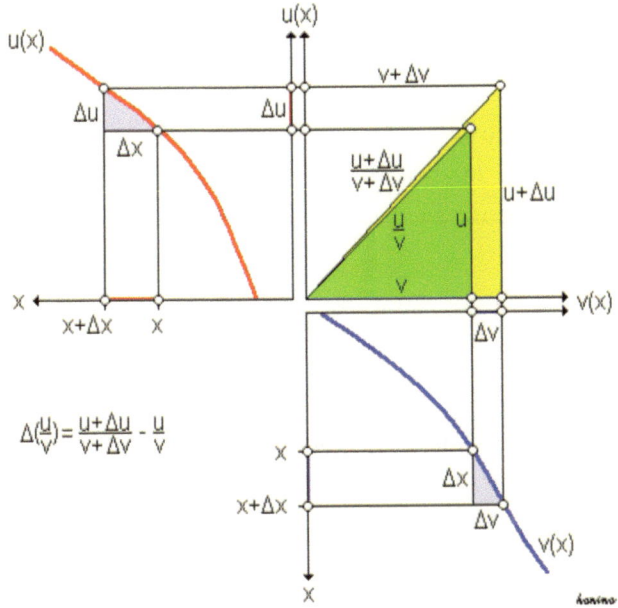

Der Quotient $\frac{u(x)}{v(x)}$ kann als Steigung in einem Steigungsdreieck gedeutet werden, dessen Kathete u(x) und v(x) sind (siehe Abbildung). Wenn x um Δx anwächst, ändert sich u um Δu und v um

Δv Die Änderung der Steigung ist dann $\Delta \left(\frac{u}{v}\right) = \frac{u + \Delta u}{v + \Delta v}$

$- \frac{u}{v} = \frac{(u + \Delta u)\, v - u(v + \Delta v)}{(v + \Delta v)v} = \frac{\Delta u\, v - u\, \Delta v}{v^2 + \Delta v\, v}$ Dividiert man

durch Δx, so folgt $\frac{\Delta \left(\frac{v}{v}\right)}{\Delta x} = \frac{\frac{\Delta u}{\Delta x}\, v - \frac{\Delta v}{\Delta x}}{v^2 + \Delta v\, v}$.

Bildet man nun Limes Δx gegen 0, so wird $\left(\frac{u}{v}\right)` = \frac{u`v - u\,v`}{v^2}$

wie behauptet.

Christian Stetter, April 2021 Singen

5

Inhaltsverzeichnis:

1. Kettenregel + Ableitung der Funktion f

2. Produktregel + Ableitung der Funktion f

3. Quotientenregel

Kettenregel + Ableitung Funktion f

Heuristische Herleitung

=

$$f'(x) = \lim_{\Delta x \to o} \frac{\Delta u}{\Delta x} = \lim_{\Delta x \to 0}\left(\frac{\Delta u}{\Delta v}\,\frac{\Delta v}{\Delta x}\right) = \lim_{\Delta v \to 0}\left(\frac{\Delta u}{\Delta v}\right)\ \lim_{\Delta x \to 0}\left(\frac{\Delta v}{\Delta x}\right) =$$

$$\frac{du}{dv}\frac{dv}{dx} = u'(v(x))\ \ v'(x)$$

Beweis

Man definiert

$$= u(z) - u(z0) \quad \text{falls } z \neq z0$$

$$D(z, z0)$$

$$= u'(z0) \qquad \text{falls } z = 0$$

Weil u in z0 differenzierbar ist, gilt $\lim\limits_{z \to z0} D(Z,Z0) =$
u'(Z0) das heißt, die Funktion $z \to D(Z,Z0)$ **ist an der Stelle Z0 stetig. Außerdem gilt für alle** $z \in U$: $u(z) -$
u(Z0) = D(Z,Z0)(Z-Z0). Wegen $\lim\limits_{x \to x0} v(x)\,v(x0)$ **folgt daraus:**

$$(u \circ v)(x0) = \lim_{Z \to Z0} \frac{u(v(x)) - u(v(x0))}{x - x0} =$$

$$\lim_{x \to x0} \frac{D(v(x), v(x0))(v(x), v(x0))}{x - x0} = \lim_{x \to x0} D(v(x), v(x0))$$

$$\lim_{x \to x0} \frac{v(x) - v(x0))}{x - x0} = u'(v(x0))\ v'(x0)$$

Komplexe Funktionen

Seien U,V ⊂ C offene Teilmengen z.B. Gebiete v: $V \to$ C und u: $U \to$ C Funktionen mit $v(V) \in U$. Die Funktion u sei im Punkt x 0 $\in$ V differenzierbar und u sei im Punkt v (x0) $\in$ U differenzierbar. Dann ist die zusammengesetzte Funktion f: $= u°v : V C, x \to$ u (v(x))

im Punkt x0 differenzierbar und es gilt: $(u°v)'(x0) =$ u'(v(x)) v'(x0) *Fazit:* Die komplexe Kettenregel ist (einschließlich ihres Beweises) völlig analog zum Reellen.

Verallgemeinerung auf mehrfache Verkettungen

Etwas komplizierter wird das Differenzieren, wenn mehr als zwei Funktionen verkettet sind. In diesem Fall wird die Kettenregel rekursiv angewendet. Beispielsweise ergibt sich bei Verkettung von drei Funktionen u, v und w: $f(x) = u(v(w(x)))$ die Ableitung

$$f^`(x) = u_1^`(u_2(...u_n(x))) \, u_2^`(u_3 ...(u_n(x))) ...u^`_n(x)$$

wie sich durch vollständige Induktion beweisen lässt. Beim praktischen Berechnen der Ableitung multipliziert man also Faktoren, die sich folgendermaßen ergeben:

Den ersten Faktor erhält man dadurch, dass man die äußerste Funktion durch eine unabhängige Variable ausdrückt und ableitet. Anstelle dieser unabhängigen Variablen ist der Rechenausdruck für die restlichen (inneren) Funktionen einzusetzen. Der zweite Faktor wird entsprechend berechnet als Ableitung der zweitäußersten Funktion, wobei auch hier der Rechenausdruck für die zugehörigen inneren Funktionen einzusetzen ist. Dieses Verfahren setzt man fort bis zum letzten Faktor, der innersten Ableitung.

Als Beispiel kann wiederum die Funktion $f(x) = (x^2 + 1)^2$ dienen. Diese lässt sich darstellen als Verkettung der drei Funktionen: $u(v) = v^2$; $v(w) = w+1$; $w(x) \ x^3$

denn es gilt: $u(v(w(x))) = u(w)+1 = u(x^3 +1) = f(x)$

Damit liefert die auf mehrfache Verkettungen verallgemeinerte Kettenregel mit

$u^`(v)=2v$ ; $v^`(w)=1$; $w^´(x)=3x^2$

die Ableitung: $f^`(x) \ u^`(v(w(x))) \ v^`(w(x) \ w^`(x) = 2v(w(x)$ $1 \ w^`(x) = 2(x^3 +1) \ 1 \ 3 \ x^2$

Abweichende Notationen in der Physik und anderen Wissenschaften

In vielen Naturwissenschaften wie der Physik sowie in der Ingenieurwissenschaft

findet die Kettenregel breite Anwendung. Allerdings hat sich hier eine besondere Notation entwickelt, die von der mathematischen Notation der Kettenregel deutlich abweicht.

Vorstellung der Notation

In der physikalischen Literatur wird für die Ableitung einer Funktion h nach der Variable x in der Regel die Schreibweise $h`(x) = \frac{dh}{dx}(x)$ bevorzugt. Ist h eine Verkettung zweier Funktionen:

$h = f \circ g$ mit $y \to f(y)$, $x \to g(x)$ so präsentiert sich die Kettenregel in dieser Notation:

$\frac{dh}{dx}(x) = \frac{df}{dy}(g(x)) \frac{dg}{dx}(x)$. Es ist zusätzlich gängige Konvention, die unabhängige Variable der Funktion f mit dem Funktionssymbol der inneren Funktion g zu identifizieren, dafür aber sämtliche Argumentklammern auszulassen: $\frac{dh}{dx} = \frac{df}{dg} \frac{dg}{dx}$. Letztlich wird für die Verkettung $f \circ g$ kein neues Symbol eingeführt, sondern die gesamte Verkettung mit der äußeren Funktion f identifiziert:

$f = f \circ g$. Die Kettenregel nimmt dann das folgende Aussehen an:

$$\frac{df}{dx} = \frac{df}{dg} \frac{dg}{dx}$$

Formal stellt sich die Kettenregel hier als eine Erweiterung des „Bruches" df/dx mit dg dar, so dass es in physikalischer Fachliteratur (und auch in anderen Natur- und Ingenieurwissenschaften) gängig ist, die Kettenregel bei Anwendung nicht namentlich zu erwähnen. Stattdessen findet man oft Ersatzformulierungen, so ist etwa von der „Erweiterung von df/dg mit dg" die Rede, teilweise fehlt eine Begründung vollständig. Auch wenn dies für das ungeübte Auge nicht immer auf den ersten Blick erkennbar ist, steckt hinter all diesen Formulierungen ausnahmslos die Kettenregel der Differentialrechnung.

Obwohl die vorgestellte Notation mit einigen mathematischen Konventionen bricht, erfreut sie sich großer Beliebtheit und weiter Verbreitung, da sie es ermöglicht, mit Ableitungen (zumindest salopp) wie mit „normalen Brüchen" zu rechnen. Viele Rechnungen gestaltet sie außerdem übersichtlicher, da Klammern entfallen und nur sehr wenige Symbole verwendet werden müssen. Vielfach stellt auch die durch eine Verkettung beschriebene Größe eine bestimmte physikalische Variable dar (z. B. eine Energie oder eine elektrische Spannung), für die ein bestimmter Buchstabe „reserviert" ist (etwa E für Energie und U für Spannung). Die obige Notation ermöglicht es, diesen Buchstaben in der gesamten Rechnung durchgängig zu verwenden.

Beispiel

Die kinetische Energie eines Körpers hängt von seiner Geschwindigkeit v ab: E = f(v). Hängt die Geschwindigkeit wiederum von der Zeit ab v=g(t), so ist auch die kinetische Energie des Körpers eine Funktion der Zeit, die durch die Verkettung E(t) = f (g(t)) beschrieben wird. Möchten wir die Änderung der kinetischen Energie nach der Zeit berechnen, so gilt nach der Kettenregel

E`(t) = f´(g(t)) g ` (t)

In physikalischer Literatur würde man die letzte Gleichung in folgender (oder ähnlicher) Gestalt vorfinden:

$$\frac{dE}{dt} = \frac{dE}{dv}\frac{dv}{dt}$$

Verallgemeinerung für höhere Ableitungen

Formel von Faà di Bruno

Eine Verallgemeinerung der Kettenregel für höhere Ableitungen ist die *Formel von Faà di Bruno*. Sie ist wesentlich komplizierter und schwieriger zu beweisen.

Sind u und v zwei n-mal differenzierbare Funktionen, deren Verkettung f(x) = u(v(x))

definiert ist, so gilt

$$f^{(n)}(x) = \sum_{(k1..kn)\in Tn} \frac{n!}{k1!...kn!} u^{(k1+kn)}(v(x))$$

$$\prod_{\substack{m=1 \\ km\geq 1}} \left(\frac{1}{m!} V^{(m)}(x)\right) \frac{km}{}$$

Hierbei bezeichnet $f^{\underline{n}}(x)$ die n-te Ableitung von f an der Stelle x. Die Menge Tn, über die summiert wird, enthält alle n -Tupel aus nichtnegativen, ganzen Zahlen mit 1k1 2k2 ... n k n = n.

Potenzfunktionen zeichnen - Vorgehensweise

Um die Funktion zu zeichnen, brauchen wir Kenntnisse von den verschiedenen Potenzfunktionen und ihren jeweiligen Graphen. Mit diesem Wissen im Hinterkopf schauen wir uns einfach den größten Exponenten der Funktion an und können dann entscheiden, wie der Grundverlauf des Funktionsgraphen aussieht.

Der größte Exponent ist hier 8. Die Grundform ist eine Potenzfunktion vom Grad 8. Das Bild ist daher eine Parabel, da die Grundform eine Potenzfunktion mit geradem positivem Exponenten ist.

Der nächste Schritt ist das Herausfinden des Streckfaktors der Funktion. Ob dieser positiv oder negativ ist, hat einen großen Einfluss auf den Verlauf der Parabel. Unsere Funktion besitzt den

Streckfaktor 5. Die Parabel ist also nach oben geöffnet und stark gestreckt.
Der Streckfaktor bestimmt den Verlauf der Funktion.
Der Streckfaktor bestimmt auch, ob der Graph nach oben oder nach unten geöffnet ist und ob der Graph gestreckt oder gestaucht ist.

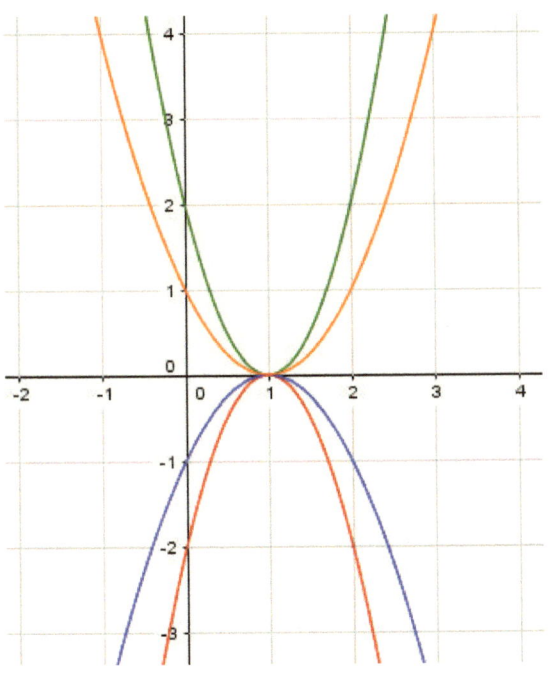

Nachdem nun Art und Verlauf der Funktion bestimmt wurden, wird nun die Verschiebung entlang der Koordinatenachsen ermittelt. Diese ist in unserer Funktion f(x)=5·(x−1)8+7 durch die markierten Zahlen gegeben. Diese zeigen uns, dass
der Funktionsgraph um 1 nach rechts und um 7 nach oben verschoben wird, ausgehend vom Ursprung.

15

Fassen wir alle Informationen zusammen, erhalten wir:

Die Funktion $f(x)=5\cdot(x-1)^8+7$ ist
nachobengeöffnet
um5gestreckt
bildeteineParabel
um1nachrechtsverschoben
um7nachobenverschoben
Wir setzen also bei $P_1(1|7)$ unseren ersten Punkt, da wir wissen, dass der Graph eine verschobene Parabel ist, die dort ihren Scheitelpunkt hat. Der nächste Punkt wäre bei einer Streckung von 1 bei $P_2(2|8)$.

Da der Streckfaktor aber 5 ist, muss der y-Wert um 5 nach oben verschoben werden und somit liegt der zweite Punkt bei $P_2(2|12)$.

Aus der Achsensymmetrie der Funktion x^8 folgt, dass der dritte Punkt bei $P_3(0|12)$ liegt. Nun haben wir drei Punkte, mit deren Hilfe wir den Graphen skizzieren können, siehe Abbildung oben. Der Graph der Funktion ist recht steil, was an dem relativ großen Exponenten 8 liegt. Es gilt: Je größer der Exponent der Funktion, desto steiler ist der Funktionsgraph.

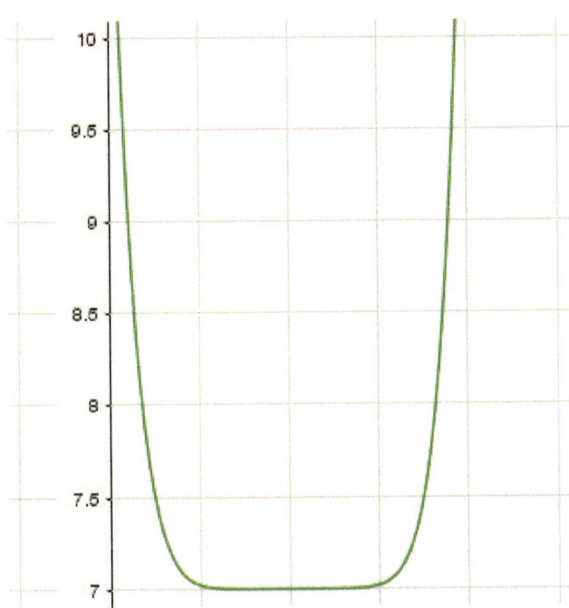

Wenn man den Graphen möglichst genau zeichnen möchte, sollte man eine Wertetabelle erstellen. Diese ermöglicht sehr genaues Zeichnen, da mehrere Punkte des Graphen ermittelt werden. Du beginnst mit dem Scheitelpunkt der Funktion, hier also mit dem Punkt P(1|7) und berechnest dann die y-Werte der benachbarten Punkte. Das heißt, du berechnest zunächst die Funktionswerte für x=0 und x=2, dann die Funktionswerte für x=−1 und x=3.... Im Heft sieht das dann etwa so aus:

x-Werte	-1	0	1	2	3
y-Werte	1287	12	7	12	1287

Wertetabelle zur Beispielfunktion

Die Funktionswerte können sehr schnell sehr groß werden. Das hängt vor allem von der Größe des Exponenten ab. Je größer der Exponent, desto schneller "wächst" die Funktion. Es ist also ratsam zu überlegen, wie groß die Schritte für die Tabellen gewählt werden sollten.

Umkehrfunktion

Umkehrfunktionen ordnen, wie der Name schon sagt, die Variablen umgekehrt zu. Das bedeutet, dass der x-Wert mit dem y-Wert getauscht wird. Dies ist nur möglich, wenn es für jeden Funktionswert (y) nur einen x-Wert gibt. Grafisch kannst du die Umkehrfunktion bilden, indem du die Funktion an der Winkelhalbierenden, also an der Funktion $g(x)=x$, spiegelst.

Die Umkehrfunktion der Funktion $f(x)$ wird mit $f^{-1}(x)$ gekennzeichnet. Die hochgestellte -1 ist also das Zeichen für die Umkehrfunktion.

Um eine Umkehrfunktion zu bilden, muss die Funktion zunächst nach x umgestellt werden. Danach werden x und y getauscht, dabei vertauscht sich auch die Definitions- und die Wertemenge.

Vorgehensweise: Umkehrfunktion bilden

Die Funktion nach x auflösen.
x und y tauschen.

Schauen wir uns zwei Beispiele an:

Beispiel:

$y=3x2+5$
Hier müssen wir den Definitionsbereich einschränken, da das Bild eine quadratische Parabel ist, die nicht eindeutig ist.

Die Parabel hat ihren Scheitelpunkt auf der y-Achse. Damit ist sie zum Beispiel für x≥0 umkehrbar. Dieser Parabelast ist eindeutig. Der Definitionsbereich für diese Funktion seien also alle reellen Zahlen, die größer oder gleich Null sind. Den Wertebereich bilden alle reellen y-Werte die größer oder gleich 5 sind, denn die Parabel ist nach oben offen und ihr Scheitelpunkt liegt bei 5 auf der y-Achse.
Definitionsbereich: D_f:x ∈ ℝ, x ≥0
Wertebereich: W_f:y ∈ ℝ, y ≥5
1. Die Funktion nach x auflösen.
$y=3x2+5$ |−5

$y−5=3x2$ |: 3

$y−5/3=x2$ |−√

$$\sqrt{\frac{y-5}{3}} = x$$

2. x und y tauschen.

$$\sqrt{\frac{y-5}{3}} = y \quad \text{bzw.} \quad y = \sqrt{\frac{y-5}{3}}$$

$$f^{-1}(x) = \sqrt{\frac{y-5}{3}}$$

Beispiel:

Wir bilden hier die Umkehrfunktion für $x \geq 0$. Das Beispiel gibt es für den gesamten Definitionsbereich auf Wie bildet man eine Umkehrfunktion?

$f(x) = 5x^{\frac{3}{}}$

1. Die Funktion nach x auflösen.

$y = 5x^{\frac{3}{}}$ $\qquad\qquad |{:}5$

$y / 5 = x^{\frac{3}{}}$ $\qquad\qquad |{-}\sqrt{3}$

$$\sqrt[3]{\frac{y}{5}} = x$$

2. x und y tauschen.

$$f^{-1}(x) = \sqrt[3]{\frac{y}{5}} = x$$

Für jede ganze Zahl n ist $f(x) = x^n$ eine Potenzfunktion. Potenzfunktion mit positivem Exponenten verlaufen immer durch den Ursprung. In diesem Text schauen wir uns aber nur die Umkehrfunktionen von solchen Potenzfunktionen an.

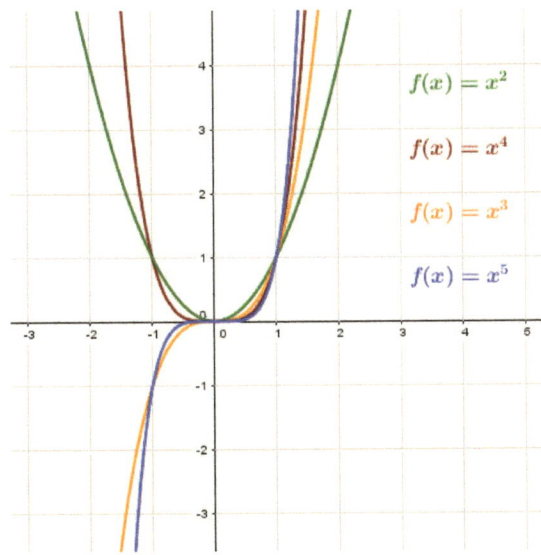

$f(x) = x^2$

$f(x) = x^4$

$f(x) = x^3$

$f(x) = x^5$

Umkehrfunktionen von Potenzfunktionen

Die Umkehrfunktion der Potenzfunktion $f(x)=x^{\frac{3}{}}$ soll gebildet werden. Wir gehen so vor, wie oben beschrieben:

Beispiel:

Auch hier bilden wir die Umkehrfunktion für $x \geq 0$. Wir schränken hier den Definitionsbereich ein, da Wurzelfunktionen für negative Werte nicht erklärt sind.

21

1. Die Funktion nach x auflösen:

$y=x^{\frac{3}{}}$ |Auch hier bilden wir die Umkehrfunktion für

x≥0. Wir schränken hier den Definitionsbereich ein, da Wurzelfunktionen für negative Werte nicht erklärt sind.

1. Die Funktion nach x auflösen:

$y=x^{\frac{3}{}}$ | $-\sqrt{3}$

$\sqrt[3]{y} = x$

2. x und y tauschen:

$y= \sqrt[3]{x}$ bzw. $f^{\frac{-1}{}}(x) = y = \sqrt[3]{y}$

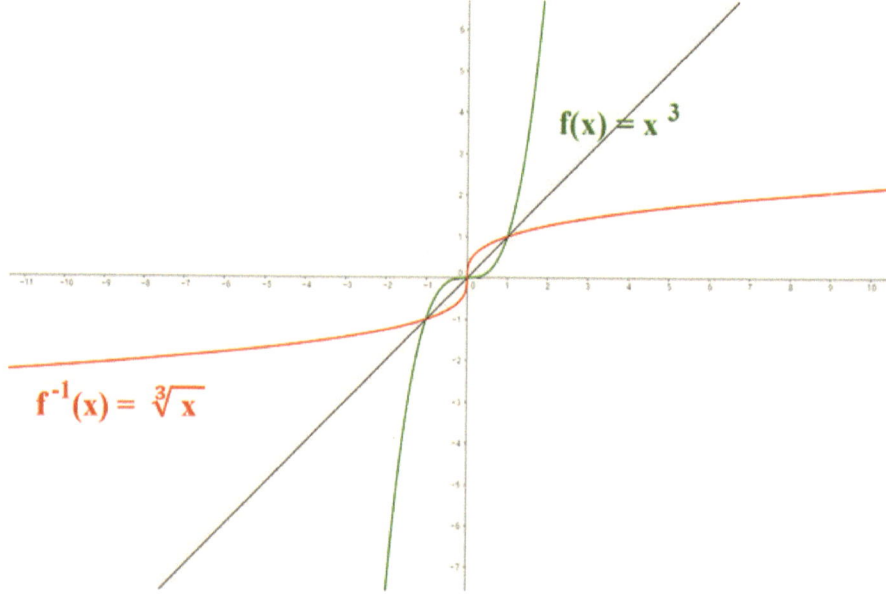

$f(x) = x^3$

$f^{-1}(x) = \sqrt[3]{x}$

Bei allen anderen Potenzfunktionen, die einen ungeraden Exponenten haben, kann man genauso vorgehen. Bei Potenzfunktionen, die einen geraden Exponenten haben, muss man anders verfahren, denn jedem y-Wert außer dem vom Scheitelpunkt, werden zwei x-Werte zugeordnet. So ist beispielsweise bei der Funktion $y=x^2$ für den y-Wert y=4 sowohl x=2 als auch x=−2 richtig. Daher muss der Definitionsbereich eingeschränkt werden.
Schauen wir uns dazu die Umkehrfunktion der Funktion $f(x)=x^2$ an:

Beispiel:

Es muss zunächst die Definitionsmenge festgelegt werden. Wir wollen die Umkehrfunktion für alle positiven x-Werte bilden, x≥0.
1. Die Funktion nach x auflösen:
$f(x)=x^2 | \sqrt{}$

$\sqrt{y}=x$
2. x und y tauschen:
$f^{-1}(x)= \sqrt{x}$ für alle x≥0.

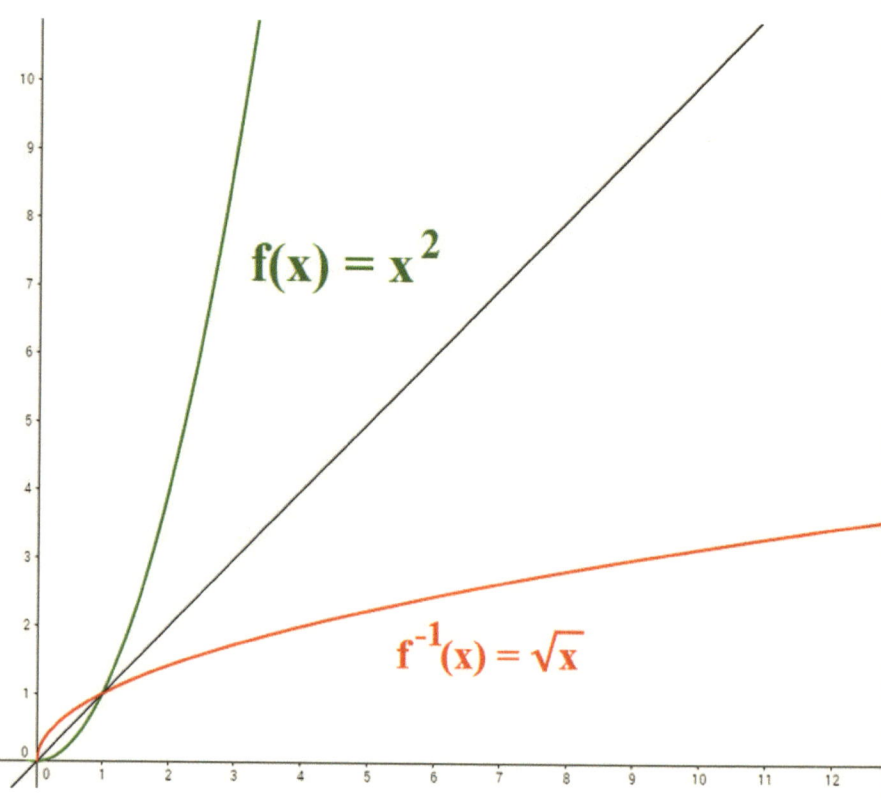

$$f(x) = x^2$$

$$f^{-1}(x) = \sqrt{x}$$

Die Funktion f(x)=0,5(x−4)2−2 ist gegeben und die Nullstellen sollen bestimmt werden.

Zunächst müssen wir die Formel sowohl für die

Mitternachtsformel als auch für die p-q-Formel umformen. Die Gleichung
ist Scheitelpunktform angegeben, aber wir benötigen
die Allgemeine Form um a,b und c oder
die Normalform, um p und q ablesen zu können.

Umformung der Scheitelpunktform in die Allgemeine Form

$f(x)=0,5(x-4)^2-2$

$f(x)=0,5(x^2+2\cdot x\cdot(-4)+4^2)-2$

$f(x)=0,5(x^2-8\cdot x+16)-2$

$f(x)=0,5\cdot x^2-0,5\cdot 8\cdot x+0,5\cdot 16-2$

$f(x)=0,5\cdot x^2-4\cdot x+8-2$

$f(x)=0,5\cdot x^2-4\cdot x+6$

Nun haben wir die Allgemeine Form gegeben und können hiermit weiter rechnen. Berechnung der Nullstellen mit der Mitternachtsformel
$f(x)=0,5\cdot x^2-4\cdot x+6$

Wir lesen zuerst a,b und c ab.
$a=0,5$
$b=-4$
$c=6$

Jetzt setzen wir die Werte in die Formel ein.
$x_{1,2}=\dfrac{-b\pm\sqrt{b^2-4\cdot a\cdot c}}{2\cdot a}$

$x_{1,2}=\dfrac{-(-4)\pm\sqrt{(-4)^2-4\cdot 0,5\cdot 6}}{2\cdot 0,5}$

$x1,2=4 \pm 16 -12\sqrt{1}$

$x1,2=4 \pm 4{-}\sqrt{}$

$x1,2=4 \pm 2$

$x1=4+2=6$

$x2=4{-}2=2$

Also sind unsere zwei Nullstellen 2 und 6. Berechnung der Nullstellen mit der p-q-Formel
f(x)=0,5·x2−4·x+6

Zuerst müssen wir durch den Faktor, der vor dem x2 steht teilen.
f(x)=0,5·x2−4·x+6   **|:0,5**
f(x)=x2−8·x+12

Jetzt haben wir die Normalform hergestellt und können p und q ablesen.
p=−8
q=12

Jetzt setzen wir die Werte in die Formel ein. $x1/2= -\dfrac{p}{2}$

$\pm\sqrt{\left(\dfrac{p}{2}\right)^{2} - q}$

$x1/2={-}\dfrac{(-8)}{2} \pm \sqrt{\left(\dfrac{-8}{2}\right)^{2} - 12}$

$$x1/2 = -4 \pm \sqrt{\left(\frac{64}{4}\right)^2 - 12}$$

$x1/2 = 4 \pm \sqrt{16 - 12}$

$x1/2 = 4 \pm \sqrt{4}$

$x1/2 = 4 \pm 2$

$x1 = 4+2 = 6$

$x2 = 4-2 = 2$

Und natürlich sind die Nullstellen die gleichen →2,6
Die Funktion sieht dann folgendermaßen aus:

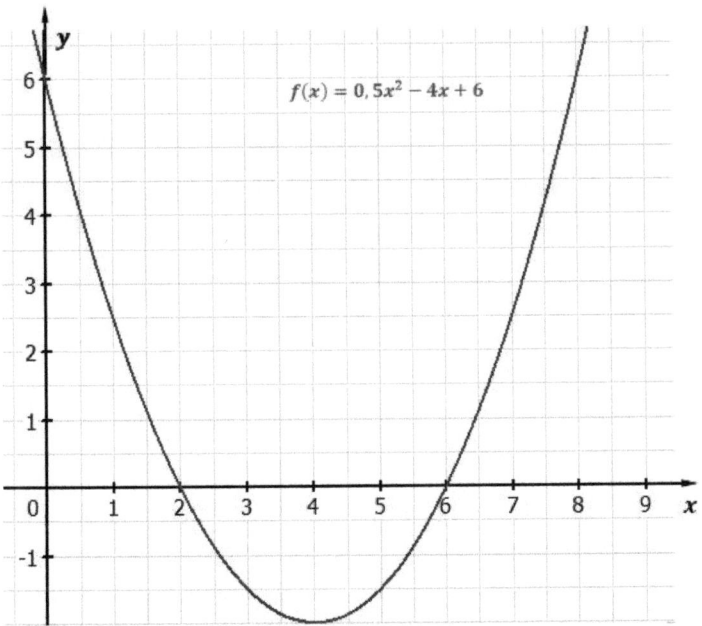

Wir können die zwei Nullstellen (2 und 6) ablesen. Außerdem den Scheitelpunkt, der bei S(4/−2) liegt und auch den y-Achsen-Abschnitt, der bei y=6 ist.

Was ist eine quadratische Funktion?

Bei quadratischen Funktionen handelt es sich um ganzrationale Funktionen der Form $f(x)=ax^2+bx+c$, wobei a, b und c reelle Zahlen mit $a\neq0$ sind. Das bedeutet auch, dass es für jeden y-Wert (abgesehen von dem des Scheitelpunkts) zwei x-Werte gibt! Schauen wir uns als Beispiel die quadratische Funktion $f(x)=0{,}5x^2-4x+6$ an:

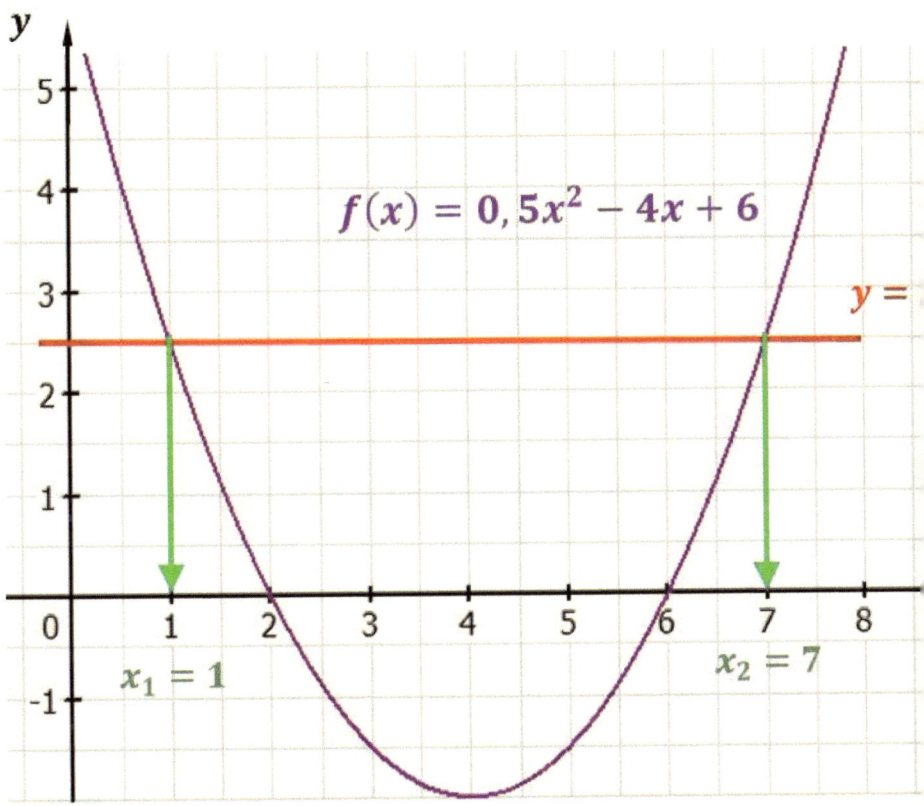

$$f(x) = 0,5x^2 - 4x + 6$$

$y =$

$x_1 = 1$

$x_2 = 7$

Zu dem y-Wert 2,5 gibt es zwei x-Werte,
nämlich 1 und 7. Wie zu erkennen ist, gilt dies für alle
y-Werte außer für den des Scheitelpunkts.
Auch im Alltag begegnen dir quadratische Funktionen.
Bei vielen Brücken ist eine Parabel zu sehen.

Ableitungsregeln für Exponentialfunktionen

f sei eine Exponentialfunktion.

Dann gilt:

$f(x)=a^x \rightarrow f'(x)=a^x \cdot \ln(a)$

Die Ableitung einer Exponentialfunktion ist gleich der Exponentialfunktion multipliziert mit dem natürlichen Logarithmus der Basis.

Beispiel

$f(x)=3^x \rightarrow f'(x)=3^x \cdot \ln(3)$

Ein Sonderfall ist das Ableiten von e-Funktionen.

e ist die Eulersche Zahl, $e=\lim \rightarrow \infty (1+1n)n=2,7182818...$
Dann gilt:

$f(x)=ex \rightarrow f'(x)=ex$

Die Ableitung der e-Funktion ist wieder die e-Funktion. Dies mag zuerst etwas merkwürdig klingen. Daher schauen wir uns den Grund für diese Regel genauer an:

Die e-Funktion ist nichts anderes als eine Exponentialfunktion, deren Basis e ist. Setzen wir die Variable e anstatt dem a in die Ableitungsregel für Exponentialfunktionen ein, erhalten wir Folgendes:

$f(x)=a^x \rightarrow f'(x)=a^x \cdot \ln(a)$

$f(x)=e^x \rightarrow f'(x)=e^x \cdot \ln(e)$

Da ln(e)=1 gilt, fällt dieser Teil weg: $f'(x)=e^x \cdot \ln(e)=e^x \cdot 1=e^x$. Somit fällt der letzte Teil weg.

Steht die Variable x nicht allein, müssen wir weitere Ableitungsregeln beachten.

Der Exponent sei nun eine beliebige Funktion. Dann gilt:

$$f(x)=e^{g(x)} \rightarrow f'(x)=g'(x)\cdot e^{g(x)}$$

Die obere Funktion wird ganz normal abgeleitet und kommt als Faktor vor die Funktion. Das e mit dem kompletten Exponenten-Term bleibt beibehalten. Schauen wir uns dazu zwei Beispiele an:

Beispiel:

1. $f(x)=e^{ax}$ Die Ableitung von g(x)=ax ist gleich g'(x)=a. $\rightarrow f'(x)=a\cdot e^{ax}$

2. $f(x)=e^{5x^2}$
   Die Ableitung von $g(x)=5x^2$ ist gleich g'(x)=10x. $\rightarrow f'(x)=10x\cdot e$

Ableitungsregeln für Logarithmusfunktionen

sei eine Logarithmusfunktion. Dann gilt:

$f(x) = \log_a x \rightarrow f'(x) = 1 / \ln(a) \cdot x \quad (a \neq 1)$

Das Ableiten von ln-Funktionen ist ein Sonderfall für das Ableiten von Logarithmusfunktionen. ln steht für *logarithmus naturalis* und ist der Logarithmus zur Basis e. Es gilt:

$f(x) = \ln(x) \rightarrow f'(x) = 1x (x > 0)$

Eine Logarithmusfunktion wird abgeleitet, indem 1 durch die Variable gerechnet wird.

Ableitung der Winkelfunktionen

Wir geben die Regeln für das Ableiten trigonometrischer Funktionen an.

Sinusfunktion
$f(x) = \sin(x) \rightarrow f'(x) = \cos(x)$
Kosinusfunktion
$f(x) = \cos(x) \rightarrow f'(x) = -\sin(x)$
Tangensfunktion
$f(x) = \tan(x) \rightarrow f'(x) = 1 / (\cos(x))2$
Die Ableitungsregeln der Winkelfunktionen lernst du am besten einfach auswendig. Du kannst dir bei uns die **Sinusfunktion** auch noch einmal anschauen.

Weitere hilfreiche Ableitungsregeln

Für beliebige reelle Zahlen x>0 und n gilt:

$$f(x)=1/x^{n}=x^{-n} \rightarrow f'(x)=-nx^{-n-1}=-n/x^{n+1}$$

Sonderfall:

$$f(x)=1/x=x^{-1} \rightarrow f'(x)=-x^{-2}=-1/x^{2}$$

Für beliebige reelle Zahlen x≥0 und ganze Zahlen m und natürliche Zahlen n≠0 gilt:

$$f(x) = \sqrt[n]{x^{m}}=x^{\frac{m}{n}} \rightarrow f'(x)=m/n\,x^{\frac{m}{n}-1} =m/nx^{\frac{m-n}{n}}$$

$$=m/nx\sqrt[n]{x^{m-n}}$$

Sonderfall:

$$f(x)=x\text{---}\sqrt{}=x^{\frac{1}{2}} \rightarrow f'(x)=1/2{\cdot}x^{\frac{1}{2}-1} =1/2{\cdot}x^{\frac{-1}{2}}=1/2\sqrt{x}$$

Diese Ableitungsregeln beruhen auf der allgemeinen Regel:

$$f(x)=x^{n} \rightarrow f'(x)=n{\cdot}x^{n-1}$$

Ableitungen an einem Beispiel

In diesem Lerntext beschäftigen wir uns mit den Ableitungen von Funktionen. Dazu beantworten wir zunächst die Frage, was genau die Bedeutung einer solchen Ableitung ist. Wie die verschiedenen Ableitungen einer Funktion in der Mathematik aussehen können, haben wir dir hier einmal dargestellt.

Es gilt:

1. $f(x)=2x4+3x3-4x2+7x+3$
2. $f'(x)=8x3+9x2-8x+7$
3. $f''(x)=24x2+18x-8$
4. $f'''(x)=48x+18$

Bei der **Kurvendiskussion** und in vielen anderen Aufgaben wird nach der ersten, zweiten und manchmal auch nach der dritten Ableitung gefragt. Doch welche Bedeutung haben diese Ableitungen überhaupt?

Ein bekanntes Beispiel ist die Funktion, die den Weg in Abhängigkeit zur Zeit abbildet. Deren Ableitung, also die Steigung der Funktion, ist die Geschwindigkeit in Abhängigkeit zur Zeit. Wird die Funktion der Geschwindigkeit dann wieder abgeleitet, erhalten wir die Funktion, die die Beschleunigung in Abhängigkeit zur Zeit abbildet.

Funktion $\rightarrow$ 1.Ableitung $\rightarrow$ 2.Ableitung
Weg $\rightarrow$ Geschwindigkeit $\rightarrow$ Beschleunigung (in Abhängigkeit zur Zeit)

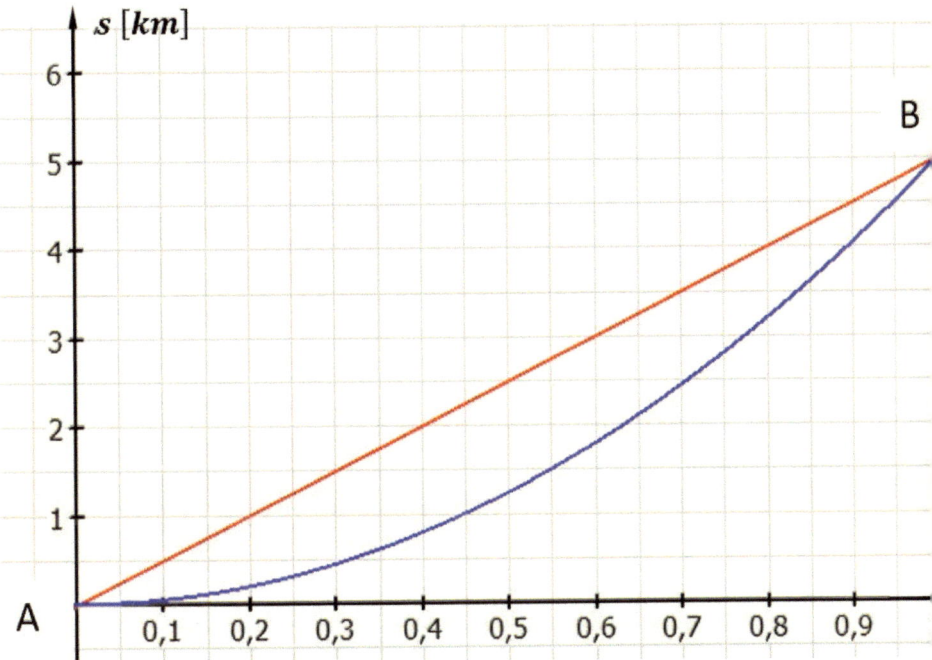

Ein Fußgänger mit rotem Regenmantel und einer
mit blauem Anorak laufen von A nach B. Beide
erreichen B nach 1 Stunde. Der Fußgänger mit dem
roten Regenmantel läuft die Strecke gleichmäßig ab.
Der Fußgänger im blauen Anorak schleicht anfangs
dahin und bemerkt, dass das Wetter immer schlechter
wird. Daher wird er immer schneller.
Beide haben
dieselbe Durchschnittsgeschwindigkeit und sind zur
gleichen Zeit in A und in B.
Sie haben beide
eine Durchschnittsgeschwindigkeit von 5kmh.

Während der Fußgänger in rot stets dieselbe Geschwindigkeit (Momentangeschwindigkeit) hat, wird der Fußgänger im blauen Anorak immer schneller.

Die Momentangeschwindigkeit für den Fußgänger in rot, ergibt sich indem man die Bewegungsgleichung nach der Zeit ableitet.
Diese Gleichung lautet:
$s1(t)=5t$
Die Ableitung nach der Zeit ist:
$s'1(t)=5=v$
Das ist der Wert für die Momentangeschwindigkeit. Die ist immer gleich. Das sieht man daran, dass die Steigung der Geraden (1. Ableitung) stets gleich ist.
Die Beschleunigung des Fußgängers im roten Regenmantel ist gleich Null, denn er läuft gleichmäßig schnell. Das heißt für unsere Gleichung:
$s''1(t)=0=a$
Das ist die Bedeutung der zweiten Ableitung in unserem Beispiel.
Jetzt zu unserem Fußgänger in blau. Die Gleichung für den Weg lautet:
$s2(t)=5t2$

Für seine Momentangeschwindigkeit gilt:
$s'2(t)=10t=v$
Er ist nach einer halben Stunde genau so schnell wie der Fußgänger in rot, denn
$s'2(0,5)=10·0,5=5=v$
Der Anstieg der blauen Kurve ist an der Stelle t=0,5 so groß wie der Anstieg der Geraden, nämlich 5.

Bildet man die zweite Ableitung des Weges nach der Zeit, so erhält man dessen Beschleunigung. Sie beträgt
$s''2(t)=10=a$
Das heißt, die Beschleunigung ist gleich und er wird gleichmäßig schneller.

Erste Ableitung

Die Ableitung einer Funktion bildet die Steigung der Funktion in einer weiteren Funktion ab. Um dies zu verdeutlichen, schauen wir uns zwei Beispiele an. Beginnen wir mit einem einfachen Beispiel: Die lineare Funktion $f(x)=3x+5$ hat in jedem Punkt die Steigung 3. Damit ist die Ableitung der Funktion $f'(x)=3$. Die Steigung ist in jedem Punkt gleich.
Bei quadratischen Funktionen wird es schon etwas schwieriger, da hier die Steigung in jedem Punkt unterschiedlich ist. Die Normalparabel hat die Funktion $g(x)=x^2$. Die zugehörige Ableitung lautet: $g'(x)=2x$. Betrachten wir dies in einer Abbildung:

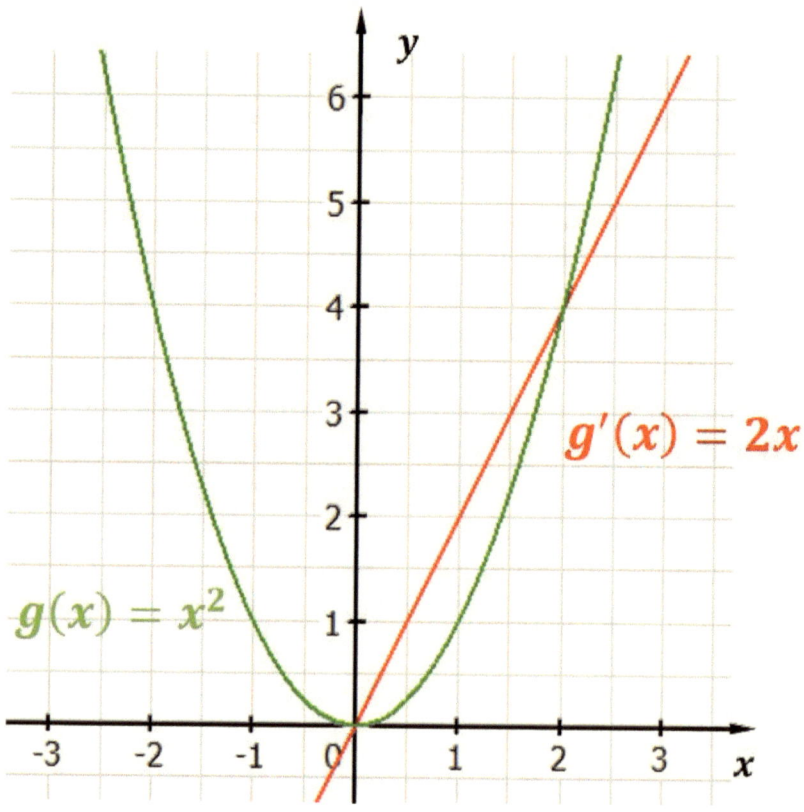

Wir sehen die Funktion in Grün und deren Ableitung in Rot. Also beschreibt die rote Funktion die Steigung der grünen Funktion in jedem Punkt. Nehmen wir den Punkt P(0/0). Die Funktion hat hier einen Tiefpunkt. Die Steigung ist an dieser Stelle gleich null.
Vergleichen wir dies mit der Ableitungsfunktion, dann erkennen wir, dass die rote Funktion an der

Stelle x=0 den y-Wer 0 hat. Also kann man durch Ablesen der Punkte der Ableitung die Steigung im zugehörigen Punkt bestimmen. Die y-Werte der Ableitungsfunktion entsprechen der Steigung der Ausgangsfunktion in den dazugehörigen x-Werten. Betrachten wir einen weiteren Punkt: Q(1/1). Welche Steigung hat die Normalparabel in diesem Punkt? Diese Steigung können wir am roten Graphen ablesen. Er hat an der Stelle x=1 den Wert 2. Also ist die Steigung der Parabel an der Stelle 1 gleich 2. Da die Ableitung Informationen über die Steigung liefert, können damit folgende Dinge bestimmt werden:

- Ist $f'(x1)=0$ dann ist $f(x)$ an der Stelle x1 waagerecht.
- Ist $f'(x2)>0$ dann ist $f(x)$ an der Stelle x2 monoton steigend.
- Ist $f'(x3)<0$ dann ist $f(x)$ an der Stelle x3 monoton fallend.

Hochpunkt, Tiefpunkt und Sattelpunkt berechnen

An der Stelle, wo der Graph waagerecht ($f'(x)=0$) verläuft, liegt entweder ein Hoch-, Tief- oder Sattelpunkt. Um diesen Punkt zu bestimmen, geht man wie folgt vor:

Vorgehensweise Hochpunkt, Tiefpunkt oder Sattelpunkt bestimmen:

1. **Die erste und zweite Ableitung der Funktion bestimmen.**
2. **Die erste Ableitung gleich null setzten und die Lösungen für x bestimmen.**
3. **Die zuvor berechneten Werte in die zweite Ableitung einsetzten, für das jeweilige Ergebnis gilt:**

- **$f''(x)<0 \rightarrow$ Hochpunkt**
- **$f''(x)>0 \rightarrow$ Tiefpunkt**
- **$f''(x)=0 \rightarrow$ Sattelpunkt (notwendiges Kriterium)**

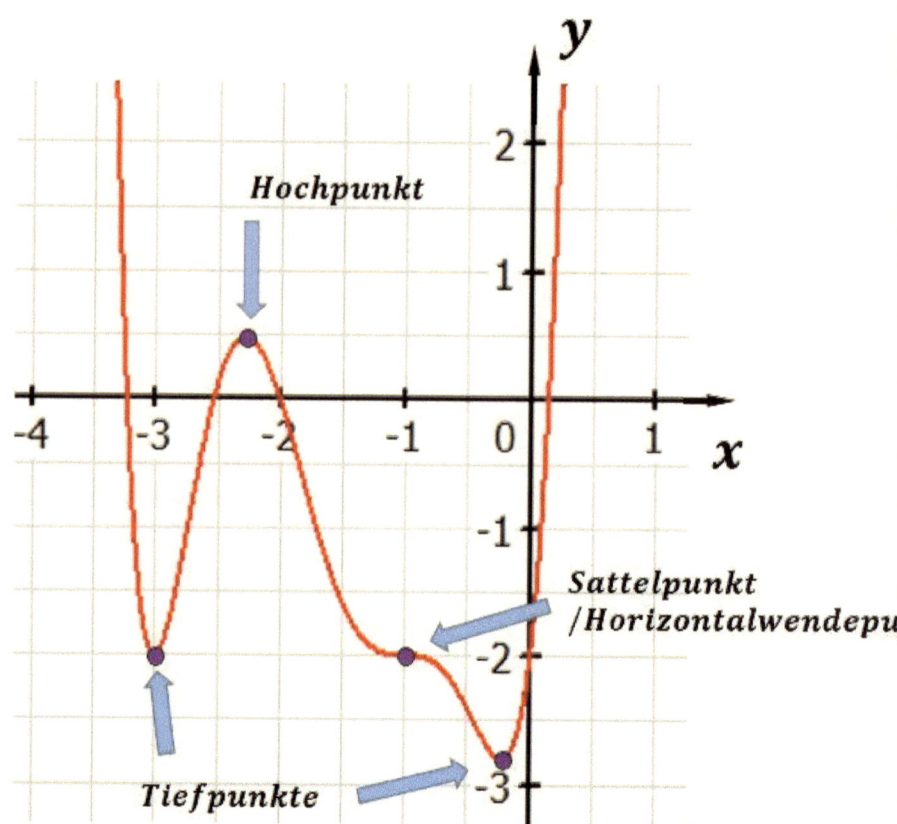

Nullstellen der Sinusfunktion

Die Sinusfunktion besitzt unendlich viele Nullstellen. Diese Nullstellen liegen jeweils um den Wert π auseinander. Das sieht man in der unteren Grafik.

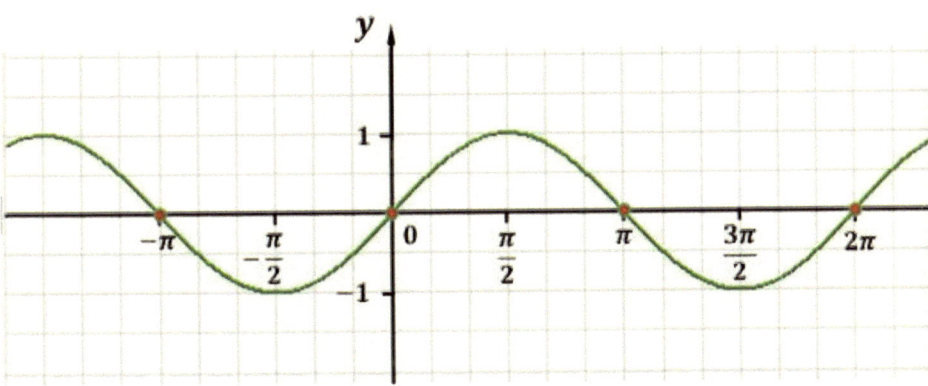

Für die Berechnung der Nullstellen der Sinusfunktion gilt:

$xk=k\cdot\pi$
Dabei können für k alle möglichen ganzen Zahlen eingesetzt werden.Beispiel:
$x-1=-1\cdot\pi=-\pi$

$x0=0\cdot\pi=0$
$x2=2\cdot\pi=2\pi$

41

Relative Maxima und Minima

Auch für die Extremwerte (oder auch: Hoch- und Tiefpunkte) lässt sich aufgrund des periodischen Verlaufs der Sinuskurve eine allgemeine Formel angeben

Relative Maxima liegen für jede ganze Zahl k bei

$$x_k = \pi / 2 + k \cdot 2 \cdot \pi$$

Beispiel:

$$x_{-1} = \pi / 2 + (-1) \cdot 2 \cdot \pi = -3 \cdot \pi / 2$$
$$x_1 = \pi / 2 + 1 \cdot 2 \cdot \pi = 5 \cdot \pi / 2$$

Relative Minima liegen für jede Zahl k bei

$$x_k = 3 \cdot \pi / 2 + k \cdot 2 \cdot \pi$$

Beispiel:

$$x_{-1} = 3 \cdot \pi / 2 + (-1) \cdot 2 \cdot \pi = -\pi / 2$$
$$x_1 = 3 \cdot \pi / 2 + 1 \cdot 2 \cdot \pi = 7 \cdot \pi / 2$$

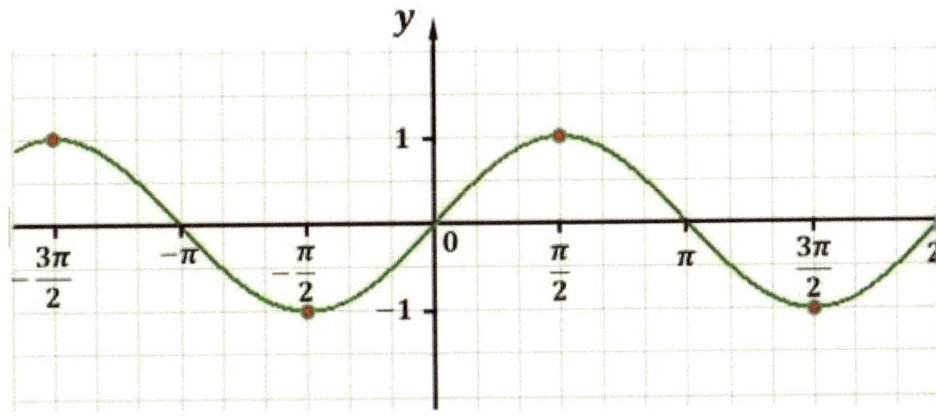

Verschiebung in y-Richtung

Die Sinusfunktion wird entlang der y-Achse
verschoben, wenn ein Wert zum Funktionsterm dazu
addiert oder davon abgezogen wird. Dabei verschiebt
sich die Sinuskurve entlang der y-Achse in positive
oder negative Richtung.

$y=\sin(x)+d$
Der Parameter d verschiebt die Sinuskurve entlang
der y-Achse.

d>0→ Verschiebung nach oben

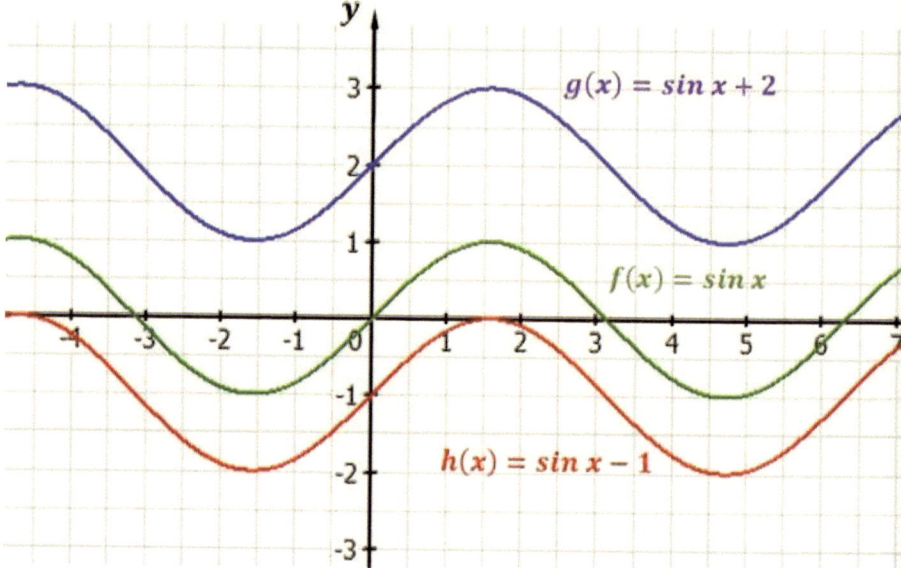

**Die x-Koordinaten der Maxima und der Minima
ändern sich nicht.**

Verschiebung in x-Richtung

**Die Sinuskurve kann ebenfalls entlang der x-Achse
verschoben werden.**

y=sin(x+c)
**Der Parameter c verschiebt die Sinuskurve entlang der
x-Achse.**
c>0→ Verschiebung nach links

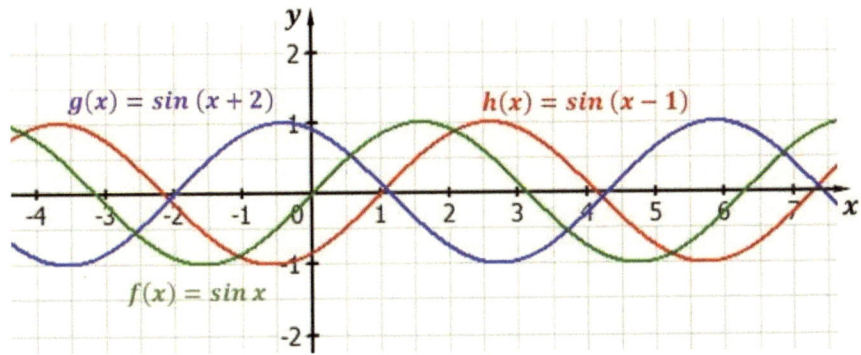

Kommen wir nun zu den Regeln der Analysis zwei:

Ableitungsregeln

Potenzregel: $f(x)=x^n$ $\qquad$ $f'(x)=n \cdot x^{n-1}$

Faktorregel: $f(x)=k \cdot g(x)$ $\qquad \rightarrow f'(x)=k \cdot g'(x)$

Summenregel: $f(x)=g(x)+k(x)$ $\quad \rightarrow f'(x)=g'(x)+k'(x)$

Produktregel: $f(x)=u(x) \cdot v(x)$

$\rightarrow f'(x)=u'(x) \cdot v(x)+u(x) \cdot v'(x)$

Kettenregel: $f(x)=u(b(x))$ $\qquad \rightarrow f'(x)=u'(b(x)) \cdot b'(x)$

Quotientenregel: $f(x)=u(x) \, / \, v(x)$

$\rightarrow f'(x)=\dfrac{u`(x)v(x)-u(x)v`(x)}{v(x)^2}$ $\qquad$ (1)

Kettenregel:

$f\ `= v\ `\ u\ `(v)$

Beispiele:

1.

$f(x) = \ln(1 + t\,x^2)$

$u = \ln\ (\ ..)\ \text{oder}\ \ln(x)$ $\qquad\qquad\qquad v = (1+t\,x^2)$

$u` = \dfrac{1}{x}$ $\qquad\qquad\qquad\qquad\qquad\qquad v` = 2t\,x$

$f`(x) = v`\ u`(v)$ $\qquad »\qquad$ $f`(x) = 2tx\ \dfrac{1}{1+tx^{\underline{2}}} = \dfrac{2t\,x}{1+t\,x^{\underline{2}}}$

2.

$f(x) = (\ln t\,x)^{\underline{2}}$

$u = (\ldots)\ \text{oder}\ u = x^2$ $\qquad\qquad\qquad v = (\ln t\,x)$

$u`(x) = 2x$ $\qquad\qquad\qquad\qquad\qquad\qquad v = \ln t\,+$

$\ln x \gg v` = 0 + \dfrac{1}{x}$

$f`(x) = v`\ u`(v)$ $\qquad »\qquad$ $f`(x) = \dfrac{1}{x}\ 2\ln(tx) = \dfrac{2}{x}\ \ln tx$

3.

a) $f(x) = \dfrac{x}{t} + \sqrt{\vdots\ tx\ \vdots}$

$u = \sqrt{x}$ $\qquad\qquad\qquad\qquad\qquad\qquad v = tx$

$u` = \dfrac{1}{2\sqrt{x}}$ $\qquad\qquad\qquad\qquad\qquad\qquad v` = t$

$f`(x) = t\ \dfrac{1}{2\sqrt{tx}} + \dfrac{1}{t}$ $\quad$ **Mit Ableitung von** $\dfrac{x}{t} = \dfrac{1}{t}$

b) $u = \sqrt{x}$ $\qquad\qquad$ $v = -tx$

$u` = \dfrac{1}{2\sqrt{x}}$ $\qquad\qquad$ $v` = -t$

$f` = -t\ \dfrac{1}{2\sqrt{-tx}} + \dfrac{1}{t}$

Lösung:

$$f`(x) = \frac{1}{t} + \frac{\dfrac{t}{2\sqrt{tx}}}{\dfrac{-t}{2\sqrt{-tx}}}$$

4.

$f(x) = \sqrt{2 + \cos 2x}$

$u = \sqrt{x}$ $\qquad\qquad$ $v = 2 + \cos 2$

$u` = \dfrac{1}{2\sqrt{x}}$ $\qquad\qquad$ $v` = -2\ \sin 2x$

$f` = -2\,(\sin 2x)\ \dfrac{1}{2\sqrt{2+\cos 2x}} = \dfrac{-2\,(\sin(2x))}{2\sqrt{2+\cos 2x}} = -\,\dfrac{\sin 2x}{\sqrt{2+\cos 2x}}$

5.

$f(x) = \sqrt{x^2 + e^x}$

$u = \sqrt{x}$ $\qquad\qquad$ $v = x^2 + e^x$

$u` = \dfrac{1}{2\sqrt{x}}$ $\qquad\qquad$ $v` = 2x + e^x$

$$f^`(x) = 2x + e^x \frac{1}{2\sqrt{x^2+e^x}} = \frac{2x+e^x}{2\sqrt{x^2+e^x}}$$

6.

$$f(x) = \frac{8}{t^2} \sqrt{\vdots x^2 - tx \vdots}$$

a) $(x) = \frac{8}{t^2} \sqrt{x^2 - tx}$

$u_1 = \frac{8}{t^2} \sqrt{x}$ $\qquad\qquad v_1 = x^2 - tx$

$u_1` = \frac{8}{t^2} \frac{1}{2\sqrt{x}}$ $\qquad\qquad v_1` = 2x - t$

$$f^`(x_1) = (2x - t) \frac{4}{t^2} \frac{1}{\sqrt{x^2-tx}} = \frac{4}{t^2} \frac{(2x-t)}{\sqrt{x^2-tx}}$$

b) $f(x_2) =$

$u_2 = \frac{8}{t^2} \sqrt{x}$ $\qquad\qquad v_2 = tx - x^2$

$u_2` = \frac{8}{t^2} \frac{1}{2\sqrt{x}}$ $\qquad\qquad v_2 = t - 2x$

$$f^`(x_2) = (t - 2x) \frac{4}{t^2} \frac{1}{\sqrt{tx-x^2}} = \frac{4}{t^2} \frac{t-2x}{\sqrt{tx-x^2}}$$

$$f\,`(x) = \dfrac{\dfrac{4}{t^2}\dfrac{(2x-t)}{\sqrt{x^2-tx}}}{\dfrac{4}{t^2}\dfrac{t-2x}{\sqrt{tx-x^2}}}$$

7.

$$f\,(x) = a \sin\left(ax + \frac{\pi}{a}\right)$$

$u = \sin a$ $\qquad\qquad\qquad v = ax + \frac{\pi}{a}$

$u\,` = \cos a$ $\qquad\qquad\qquad v\,` = a$

$$f\,`(x) = a\,a \cos\left(ax + \frac{\pi}{a}\right) = a^2 \cos\left(ax + \frac{\pi}{a}\right)$$

8.

$$f\,(x) = \frac{1}{2}\left(2ax - e^x\right)^2$$

$u = x^2$ $\qquad\qquad\qquad v = 2ax - e^x$

$u\,` = 2x$ $\qquad\qquad\qquad v\,` = 2a - e^x$

$$f\,`(x) = \frac{1}{2}\left(2a - e^x\right)\,2\,(2ax - e^x) = (2a - e^x)(2ax - e^x)$$

(2)

Produktregel + Ableitung der Funktion f

Anwendungsbeispiele

- **Im Folgenden sei stets f (x) = u(x) v(x) Ist u(x) = x und v(x) = x so erhält man aus der Kenntnis von und v (x) =1 mit der Produktregel die Aussage**

$$\frac{d}{dx}\,x^2 = f\,`(x) = u\,`(x)\,v(x) + u(x)\,v\,`(x) = 1x + x1 = 2x$$

- **Istundso ist also ist**

$$0 = f'(x) = u'(x)\, v(x) + u(x)\, v'(x) = 1 \frac{1}{x} + x\, v'(x)$$ **und durch Umformen erhält man die Aussage**

$$v'(x) = -\frac{1}{x^2}$$ **. Verwendet man die Kurznotation (uv)' = u'v + u v' so erhält man beispielsweise für die Ableitung folgender Funktion** $f(x) = (x^2-4)(x^3+1)$; $f'(x) = 2x(x^3+1) + (x^2-4)\,3x^2$

Ausmultipliziert ergibt sich $f'(x) = 5x^4 - 12x^2 + 2x$

Erklärung und Beweis

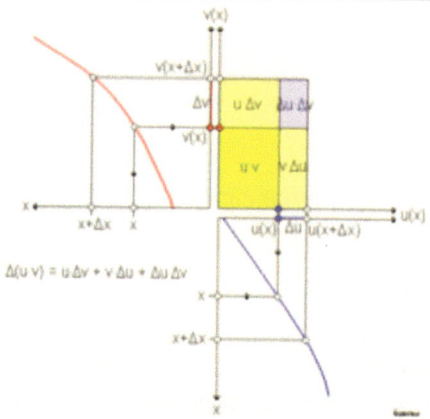

Geometrische Veranschaulichung des Beweises der Produktregel

Das Produkt u v zweier reeller (an einer Stelle x differenzierbarer) Funktionen u und v hat an der Stelle x den Wertder als Flächeninhalt eines Rechtecks mit den Seiten undgedeutet werden kann. Ändert sich nun x, um Δ x so ändert sich um Δ u(x) undum Δ v(x) Die Änderung Δ (u(x) v(x)) des Flächeninhalts u(x) v(x) setzt sich dann (siehe Abbildung) zusammen aus

$$\Delta \ (u(x) \ v(x)) = u(x) \ \Delta \ u(x) + v(x) \ \Delta \ u(x) + \Delta \ u(x) \ \Delta \ v(x)$$

Dividiert man durchΔ x, so ergibt sich mit

$$\frac{\Delta \ (u(x)v(x))}{\Delta \ x} = u(x) \ \frac{\Delta \ v(x)}{\Delta \ x} + v(x) \ \frac{\Delta \ u(x)}{\Delta \ x} + \frac{\Delta \ v(x)}{\Delta \ x} \ \Delta \ v(x)$$

der Differenzenquotient der Produkt- oder Flächeninhaltsfunktion u v an der Stelle x Für Δ x gegen 0, sodass man an der Stelle x: (u v) `= uv` + vu`

erhält, wie behauptet. Dies ist auch im Wesentlichen die Argumentation, wie sie sich in einem ersten Beweis der Produktregel 1677 in einem Manuskript von Leibniz findet. Die Produktregel, die er dort gemeinsam mit der Quotientenregel beweist, war damit eine der ersten Regeln zur Anwendung der Infinitesimalrechnung, die er herleitete. Er benutzte allerdings keinen Grenzwert, sondern noch Differentiale und schloss, dass Δu Δ v wegfällt, weil es im Vergleich zu den anderen Summanden infinitesimal klein sei. Euler benutzte noch dasselbe Argument, erst bei Cauchy findet sich ein Beweis mit Grenzwerten: Gegeben sei die Funktion f durch f(x) = u(x) v(x)

Die Ableitung von f an einer Stelle x ist dann durch den Grenzwert des Differenzenquotienten

$$\lim_{\Delta x \to 0} \frac{u(x+\Delta x)\, v(x+\Delta x) - u(x)v(x)}{\Delta x}$$ gegeben. Addition und Subtraktion des Terms

$\frac{u(x)v(x+\Delta x)}{\Delta x}$ liefert: $\lim_{\Delta x \to 0} \frac{u(x+\Delta x)-u(x)}{\Delta x}$ v(x+ Δ x) +

$$\lim_{\Delta x \to 0} \frac{v(x+\Delta x)-v(x)}{\Delta x}$$

Mehr als zwei Faktoren

Die Produktregel kann sukzessive auch auf mehrere Faktoren angewandt werden. So wäre

(uvw)`= u`vw + uv`w + uvw` und (uvwz) `= u`vwz + uv`wz+ uvw`z+ uvwz`

Allgemein ist für eine Funktion f = $\prod_{i=1} f\, i$ die sich als Produkt von n Funktionen f i schreiben lässt, die Ableitung

f`= $\sum_{i=1}^{n} f`i \; \prod_{\substack{k=1 \\ k \neq i}}^{n} f k$. Haben die Funktionen keine Nullstellen, so kann man diese Regel auch in der übersichtlichen Form: $\frac{(f1..fn)`}{f1..fn} = \frac{f`1}{f1} + \frac{f`n}{fn}$ oder kurz $\frac{f`}{f}$ $\sum \frac{f`i}{f\,i}$

schreiben; derartige Brüche bezeichnet man als logarithmische Ableitungen.

Höhere Ableitungen

Auch die Regel für Ableitungen -ter Ordnung für ein Produkt aus zwei Funktionen war schon Leibniz bekannt und wird entsprechend manchmal ebenfalls als *Leibnizsche Regel* bezeichnet. Sie ergibt sich aus der Produktregel mittels vollständiger Induktion zu

$$(uv) \; n = \sum_{k=0}^{n} (n \; \ddot{u}ber \; k) \; u^{(k)} \; v^{(n-k)}$$

Die hier auftretenden Ausdrücke der Form (n über k) sind Binomial-Koeffizienten. Die obige Formel enthält die eigentliche Produktregel als Spezialfall. Sie hat auffallende Ähnlichkeit zum binomischen Lehrsatz

$$(a + b) \; n = \sum_{k=0}^{n} (n \; \ddot{u}ber \; k) \; a^{k} \; b^{n-k}$$

Diese Ähnlichkeit ist kein Zufall, der übliche Induktionsbeweis läuft in beiden Fällen vollkommen analog; man kann die Leibnizregel aber auch mit Hilfe des binomischen Satzes beweisen.

Für höhere Ableitungen von mehr als zwei Faktoren lässt sich ganz entsprechend das Multi-Nomialtheorem übertragen. Es gilt:

Höherdimensionaler Definitionsbereich

Verallgemeinert man auf Funktionen mit höherdimensionalem Definitionsbereich, so lässt sich die Produktregel wie folgt formulieren: Es seien $U \subset R^n$ eine offene Teilmenge, u1 $v : U \to R$ differenzierbare Funktionen und $x \in R^n$ ein Richtungsvektor. Dann gilt die Produktregel für die Richtungsableitung:

$$\frac{\partial}{\partial x}(uv) = (\frac{\partial}{\partial x}u)\, v + u\, \frac{\partial}{\partial x}v$$

Entsprechend gilt für die Gradienten $\nabla (uv)\ (\nabla u)\, v + u \nabla v$

In der Sprache der differenzierbaren Mannigfaltigkeiten lauten diese beiden Aussagen:

- Sind x ein Tangentialvektor und u,v lokal differenzierbare Funktionen, dann gilt

$x(uv) = xu\ v + ux\ v$

- Sind u, v lokal differenzierbare Funktionen, so gilt die folgende Beziehung zwischen den äußeren Ableitungen:

$d(uv) = v\, d\, u + u\, d\, v$

Höhere partielle Ableitungen

Sei $\alpha, \beta \in N^n{}_0$; $U \subset R^n$, $u,v \in C^n(U, R)$. Dann gilt:

$$D^{\underline{\alpha}} = (uv) = \sum_{\beta \leq \alpha}(\alpha\ \ddot{u}ber\ \beta)\, D^{\underline{\beta}}u\, D^{\underline{\alpha-\beta}}v$$

Allgemeine differenzierbare Abbildungen

Es seien U ⊂ R ein offenes Intervall, B
eine Banachalgebra (z. B. die Algebra der reellen oder
komplexen n x n -Matrizen) und u, v: U→ B
differenzierbare Funktionen. Dann gilt: $(uv)`=u`v+uv`$
Sind allgemeiner B` und B`` Banachräume, u:U → B`
und differenzierbare Funktionen, so gilt ebenfalls eine
Produktregel, wobei die Funktion des Produktes von
einer Bilinearform A: B` x B`` → R übernommen
wird. Von dieser wird verlangt, dass sie stetig ist,
also beschränkt: : (b`, b`` : ≤ :: b`:: :: b`` :: für alle
b` ∈ B`, b`` ∈ B``
mit einer festen Konstante C. Dann gilt die
Produktregel:

$$\frac{d}{dx} A(u(x), v(x)) = A (u`(x), v(x)) + A(u(x), v`(x))$$

Entsprechende Aussagen gelten für höherdimensionale
Definitionsbereiche.

Leibniz-Regel für dividierte Differenzen

Die Leibnizregel lässt sich auf dividierte
Differenzen übertragen:
$(x0 ,..xn) (f°g) = \sum_{i=0}^{n}((x0 ..xi) f) ((xi .. xn) g)$ Der
Spezialfall
$(x,x) (f °g) = (x) f (x,x) + (x,x) f (x) g = f (x) g`(x) + f`(x)$
g(x)

schließt die originale Leibnizregel mit ein.

Abstraktion: Derivationen

Allgemein nennt man Abbildungen D welche die Produktregel D (uv) = v D (u) + u D (v) erfüllen, Derivationen.

Die Reihenfolge der Faktoren ist hier für den Fall einer Derivation A → M mit einer Algebra A und einem A - Linksmodul M gewählt.

Im Zusammenhang mit Z- oder Z/2Z graduierten Algebren („Superalgebren") muss der Begriff der Derivation jedoch durch den der Antiderivation ersetzt werden. Die entsprechende Gleichung lautet dann D (uv) = D (u) v + (-1)^u u D (v)

Äußere Ableitung

Koordinatendarstellung

Sei $p \in M$ ein Punkt auf einer glatten Mannigfaltigkeit. Die äußere Ableitung von $w \in A^k (M)$ hat in diesem Punkt die Darstellung

$$Dwp = \sum_{1 \leq i \, 1 < .. < ik} \sum_{i=1}^n \frac{\partial \, ai1...ik)}{\partial xi} : p \, dxi \quad dxi1 \quad dxik$$

dabei hat w die lokale $\sum_{1 \leq i1 < \, < ik} ai1 ... ik \, dxi1 \quad dxik$

Rotation

In der Vektoranalysis ist die Rotation eine Abbildung rot: $T_p R^3 \to T_p R^3$. Für allgemeine Vektorfelder gilt rot (f) = ∇ x j (* (df ^{p})) $^\#$ Folgende Rechnung zeigt, dass man für die Dimension den bekannten Ausdruck für die Rotation erhält:

$$d\ (f1\ dx1 + f2\ dx2 + f3\ dx3) = df1\ \wedge\ dx1 + df2\ \wedge\ dx2 + df3\ \wedge\ dx3\partial$$

$$= \frac{\partial f1}{\partial x1}\,dx1\ \wedge\ dx1\ \frac{\partial f1}{\partial x2}\,dx2\ \wedge\ dx1 + \frac{\partial f1}{\partial x3}\,dx3\ \wedge\ dx1 + \frac{\partial f2}{\partial x1}\,dx1$$

$$\wedge\ dx1\ \frac{\partial f2}{\partial x2}\,dx2\ \wedge\ dx2 + \frac{\partial f2}{\partial x3}\,dx3\ \wedge\ dx2$$

$$+ \frac{\partial f3}{\partial x1}\,dx1\ \wedge\ dx3\ \frac{\partial f3}{\partial x2}\,dx2\ \wedge\ dx3 + \frac{\partial f3}{\partial x3}\,dx3\ \wedge\ dx3 = (\frac{\partial f3}{\partial x2} -$$

$$\frac{\partial f2}{\partial x3}) - dx2 \wedge dx3 + (\frac{\partial f1}{\partial x3} - \frac{\partial f3}{\partial x1})\ dx3\ \wedge dx1 +$$

$$(\frac{\partial f2}{\partial x1} - \frac{\partial f1}{\partial x2})\ dx1\ \wedge dx2$$

Diese Formel erhält man sofort, indem man die Definition des Gradienten in die des Kreuzproduktes einsetzt.

Dolbeault-Operator

Zwei weitere Differentialoperatoren, welche mit der Cartan-Ableitung in Verbindung stehen, sind der Dolbeault- und der Dolbeault-Quer-Operator auf Mannigfaltigkeiten. So kann man die Räume der Differentialformen vom Grad (p,q) einführen, welche durch A ^{p,q} notiert werden, und erhält auf natürliche Weise die Abbildungen

$\partial : A\ ^{p,q} \to A\ ^{p+1,q}$ und $\partial : A\ ^{p,q} \to A\ ^{p+q,q}$

mit d= $\partial + \partial$. In lokalen Koordinaten haben diese Differentialoperatoren die Darstellungen

$$\partial\ (\sum_{IJ}\ f\ IJ\ dx1\ \wedge\ dxf) = \sum_{I,J,K} \frac{\partial f\,IJ}{\partial zK}\ dzk\ \wedge dxI\ \wedge dxJ$$

Produktregel
Definition und Beweis der Produktregel

Die Produktregel ist eine Ableitungsregel. Sie wird verwendet, um das Produkt von Funktionen abzuleiten: $f(x)=u(x)\backslash c\ v(x) f(x)=u(x)\cdot v(x)$.
Nach Gottfried Wilhelm Leibniz (* 1646; † 1716), einem deutschen Mathematiker, wird diese Regel auch als Leibniz-Regel bezeichnet.
Beispiele für das Produkt von Funktionen

- $f(x)=(x^2+7)(x^3-3x)$

- $f(x)=e^x(x^2+3)$

- $f(x)=x\sqrt{x}$

- $f(x)=1/x\sin(x)$

Du siehst, du kannst beliebige Funktionen miteinander multiplizieren und erhältst wieder eine Funktion.

Ein erstes einfaches Beispiel
Du kannst die Funktion $f(x)=x^2\ x^3$ ausmultiplizieren

zu $f(x)=x^5$ Die Ableitung dieser Funktion erhältst du

mit der Potenzregel der Differentiation: $(x^n)'=n\ x^{n-1}$.

Damit ist $f'(x)=5x^4$. Dasselbe Ergebnis sollte nun auch

mit der Produktregel herauskommen:
$f'(x)=2x\ x^3+x^2\ 3x^2=2\ x^4\ 3x^4=5\ x^4$

Die Produktregel gilt (natürlich!) nicht nur für so einfache Beispiele. Dass sie allgemein gültig ist, siehst du im Folgenden.
Herleitung
Die Produktregel kann mithilfe des Differenzialquotienten anschaulich

hergeleitet werden. **Hierfür wird
der Grenzwert von Differenzenquotienten mit Hilfe
der h-Methode berechnet:**

$$f'(x0)= \lim_{x \to x0} \frac{f(x)-f(x0)}{x-x0} = \lim_{x \to x0} \frac{u(x)v(x)-u(x0)v(x0)}{x-x0}$$

- **Nun wird im Zähler einmal u(x0) v(x) subtrahiert und
  auch wieder addiert:**

$$f'(x0)= \lim_{x \to x0} \frac{u(x)v(x)-u(x0)v(x)+u(x0)v(x)-u(x0)v(x0)}{x-x0}$$

- **Der Bruch auf der rechten Seite kann noch
  auseinander geschrieben werden. Dann können auch
  die einzelnen Grenzwerte bestimmt und dann addiert
  werden:**

- $$f'(x0)= \lim_{x \to x0} \frac{u(x)v(x)-u(x0)v(x)}{x-x0} + \lim_{x \to x0} \frac{u(x0)v(x)-u(x0)v(x0)}{x-x0}$$
  **In dem linken Term wird v(x) und in dem rechten $u(x0$
) ausgeklammert:**

$$f'(x0) = \lim_{x \to x0} v(x) \frac{u(x)u(x0)}{x-x0} + u(x0) \lim_{x \to x0} \frac{v(x)v(x0)}{x-x0}$$

- **Da beide Funktionen $u(x)$ als auch $f'(x0)$
  $v(x)$ differenzierbar (und somit auch stetig) sind,
  existieren die beiden Grenzwerte und somit gilt:
  $f'(x0) = u'(x0) v(x0) + u(x0) v'(x0)$; Damit ist die
  Produktregel bewiesen.**

Ableiten mit der Produktregel: Beispiele

**Die Beispiele umfassen nur rationale und
trigonometrische Funktionen, da die Produktregel
meist vor der Einführung weiterer Funktionsklassen
behandelt wird. Im Schulalltag – insbesondere in**

Grundkursen – wird die Regel allerdings am häufigsten im Zusammenhang mit der Exponentialfunktion benötigt, die meist unmittelbar im Anschluss an die Ableitungsregeln eingeführt wird.

Während man bei Summen jeden Summanden für sich ableiten kann, ist dies bei einem Produkt nicht ganz so einfach:

Produktregel

$$f(x)=u(x)\cdot v(x) \Rightarrow f'(x)=u'(x)\cdot v(x)+u(x)\cdot v'(x)$$

Wann braucht man die Produktregel?

Salopp formuliert: Man braucht sie immer dann, wenn eine Funktion der Form „Term mit xx mal Term mit xx" vorliegt (wenn die Variable xx heißt). Es ist egal, welchen Faktor man als $u(x)u(x)$ bzw. $v(x)v(x)$ bezeichnet. Wenn nicht ausdrücklich die Produktregel gefordert ist, ist gerade bei rationalen Funktionen vorheriges Umformen allerdings oft einfacher.

Beispiele

1. $f(x)=(5x^2-3)\cdot(8x^3+2x)$

   Für den Anfang schreiben wir die Faktoren heraus und leiten sie getrennt ab:

   $u(x)=5x^2-3 \quad u'(x)=10x$

   Nun wird in die Produktregel eingesetzt:

   $f'(x)=10x\cdot(8x^3+2x)+(5x^2-3)\cdot(24x^2+2)$

   Wenn die Aufgabenstellung verlangt, den Term anschließend zu vereinfachen, müssen noch die Klammern aufgelöst werden:

$$f'(x)=80x^4+20x^2+120x^4+10x^2-72x^2-6$$

Bei dieser Aufgabe ist die Frage berechtigt, ob die Anwendung der Produktregel sinnvoll ist. Tatsächlich wäre es einfacher, zuerst die Klammer aufzulösen und dann abzuleiten. Wenn Sie die Wahl haben, sollten Sie dies tun. Wenn Sie aufgefordert werden, die Produktregel zu verwenden, sollten Sie dieser Aufforderung natürlich Folge leisten.

2. $f(x)=x^5\cdot\dfrac{1}{x^2}$

Dies ist eins der (unsinnigen) Beispiele, die sich leider immer noch in großer Zahl in Schulbüchern finden, obwohl man mit vorherigem Vereinfachen nach den Potenzgesetzen viel einfacher ableiten könnte. Um mit der Produktregel ableiten zu können, schreiben wir zunächst

$$f(x)=x^5\cdot x^{-2}$$

und leiten dann ab:

$$f'(x)=5x^4\cdot x^{-2}+x^5\cdot(-2x^{-3})=5x^2-2x^2=3x^2$$

Wenn man zuerst vereinfacht, ist weder die Produktregel noch anschließendes Zusammenfassen nötig:

$$f(x)=x^3\Rightarrow f'(x)=3x^2$$

3. $f(x)=x^2\cdot\sin(x)$

In diesem Fall ist die Produktregel unerlässlich. Die Faktoren sind so einfach, dass man das Ergebnis sofort aufschreiben kann:

$$f'(x)=2x\cdot\sin(x)+x^2\cdot\cos(x)$$

Zusammenfassen ist hier nicht möglich.

4. $f(x)=\cos^2(x)$

Dies ist eine Kurzschreibweise für $f(x)=(\cos(x))^2$.

Diese Funktion kann man nach der **Kettenregel** ableiten, aber auch die Produktregel ist möglich, indem man das Quadrat als Produkt von zwei gleichen Faktoren schreibt:

$f(x)=(\cos(x))^2 = \cos(x)\cdot\cos(x)$

Nun kommt wieder die Produktregel zum Einsatz:

$f'(x)=-\sin(x)\cdot\cos(x)+\cos(x)\cdot(-\sin(x))=-2\sin(x)\cos(x)$

5. $f(x)=3\cdot(x^4-4x)$

Dies ist eigentlich kein Fall für die Produktregel, sondern für die **Faktorregel**, da der erste Faktor nicht von der Variablen xx abhängt. Wenn Sie dennoch die Produktregel anwenden, denken Sie daran, dass die Ableitung einer Zahl Null ergibt und in diesem Fall nicht weggelassen werden darf, weil es sich um einen *Faktor* und nicht um einen **Summanden handelt:**

$f'(x)={\color{red}0}\cdot(x^4-4x)=0+3\cdot(4x^3-4)=3\cdot(4x^3-4)=12x^3-12$

6. $f(x)=-2\cdot x\cdot\cos(x)+2/5x^5$

Lassen Sie sich nicht verunsichern: es handelt sich nicht etwa um drei Faktoren, sondern nur um zwei, da der erste Faktor eine Zahl ist. Der erste Summand wird nach der Produktregel abgeleitet $(u(x)=-2xu(x)=-2x; v(x)=\cos(x)v(x)=\cos(x))$, der zweite „normal", also einfach nach der Potenzregel:

$$f'(x)=-2\cdot\cos(x)-2x\cdot(-\sin(x))+2x\frac{4}{}$$

$$=-2\cos(x)+2x\sin(x)+2x\frac{4}{}$$

Gelegentlich wird Produktregel auf drei Faktoren erweitert.

Produktregel für drei Faktoren

$f(x)=u(x)\cdot v(x)\cdot w(x)f(x)=u(x)\cdot v(x)\cdot w(x)\Rightarrow$

$f'(x)=u'(x)\cdot v(x)\cdot w(x)+u(x)\cdot v'(x)\cdot w(x)+u(x)\cdot v(x)\cdot w'(x)$

Jeder der drei Faktoren wird also abgeleitet und mit den beiden ursprünglichen anderen Faktoren multipliziert; diese Terme werden dann addiert.

Herleitung

Wir setzen zunächst Klammern, damit wir nur zwei Faktoren haben, auch wenn der zweite Faktor dabei wiederum ein Produkt ist:

$f(x)=u(x)\cdot[v(x)\cdot w(x)]$

Dieses Produkt können wir nach der Regel für zwei Faktoren ableiten:

$f'(x)=u'(x)\cdot[v(x)\cdot w(x)]+u(x)\cdot[v(x)\cdot w(x)]'$

Der Term $[v(x)\cdot w(x)]'[v(x)\cdot w(x)]'$ wird ebenfalls nach der Produktregel für zwei Faktoren abgeleitet:

$[v(x)\cdot w(x)]'=v'(x)\cdot w(x)+v(x)\cdot w'(x)[v(x)\cdot w(x)]'$

Einsetzen:

$f'(x)=u'(x)\cdot[v(x)\cdot w(x)]+u(x)\cdot[v'(x)\cdot w(x)+v(x)\cdot w'(x)]f'(x)$

Jetzt lösen wir die hintere Klammer auf und lassen die überflüssige Klammer im ersten Summanden weg, und schon steht das Ergebnis da:

$f'(x)=u'(x)\cdot v(x)\cdot w(x)+u(x)\cdot v'(x)\cdot w(x)+u(x)\cdot v(x)\cdot w'(x)f'(x)$

Beispiel

$f(x)=x^2\cdot\sin(x)\cdot\cos(x)f(x)=$

Es handelt sich um drei Faktoren, die nicht vorher vereinfacht oder zusammengefasst werden können. Daher wird die Regel für drei Faktoren angewendet:

$f'(x)=2x\cdot\sin(x)\cdot\cos(x)+x^2\cdot\cos(x)\cdot\cos(x)+x^2\cdot\sin(x)\cdot(-\sin(x))f'(x)$

Das Ergebnis kann nur unwesentlich kürzer geschrieben werden:

$f'(x)=2x\sin(x)\cos(x)+x^2\cos2(x)-x^2\sin^2(x)$

Ableitung (Formel f(x) = x² / (1/x))

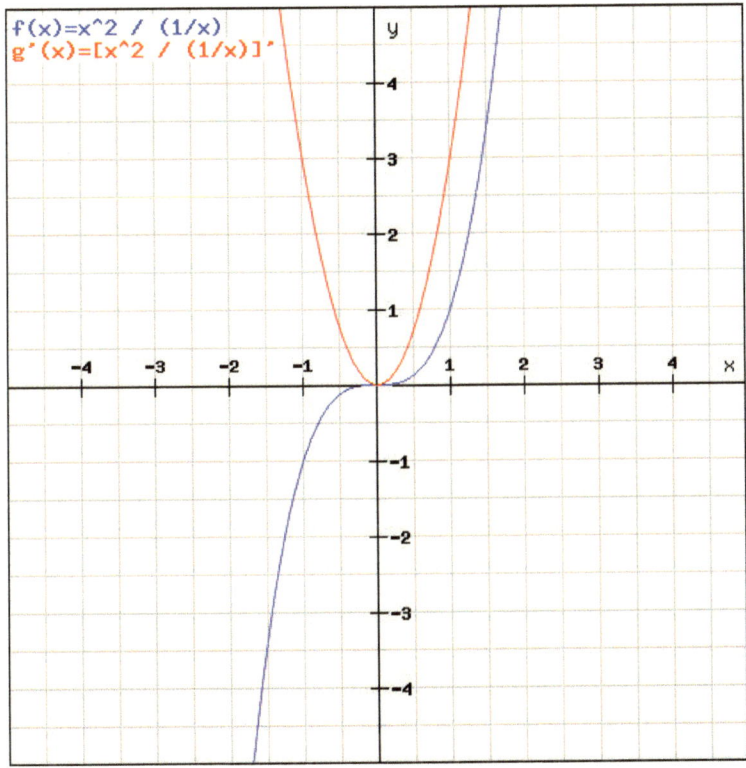

f(x)=x^2 / (1/x)
g'(x)=[x^2 / (1/x)]'

Formel : f (x) = sin (1/x)

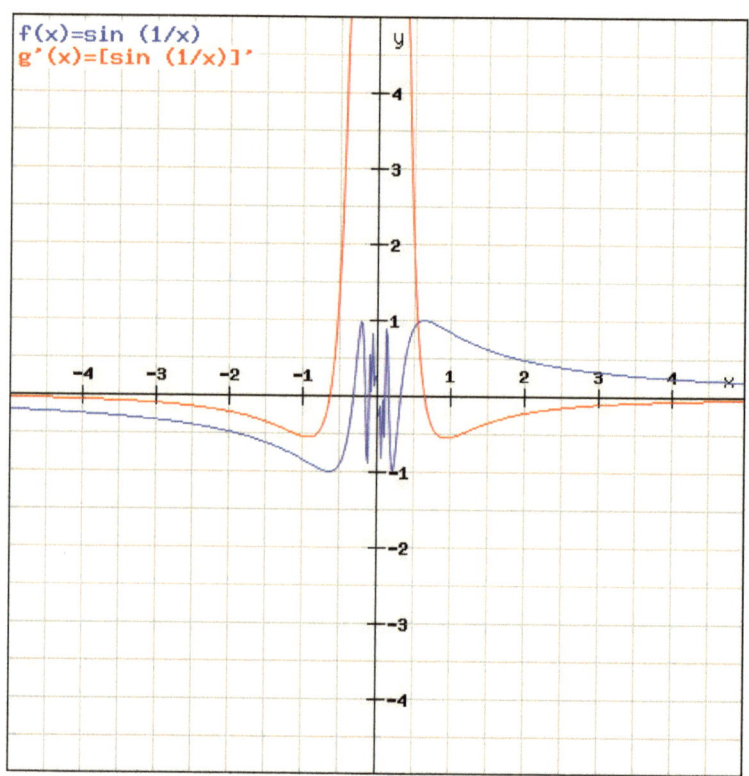

f(x)=sin (1/x)
g'(x)=[sin (1/x)]'

Formel: tan (1/x)

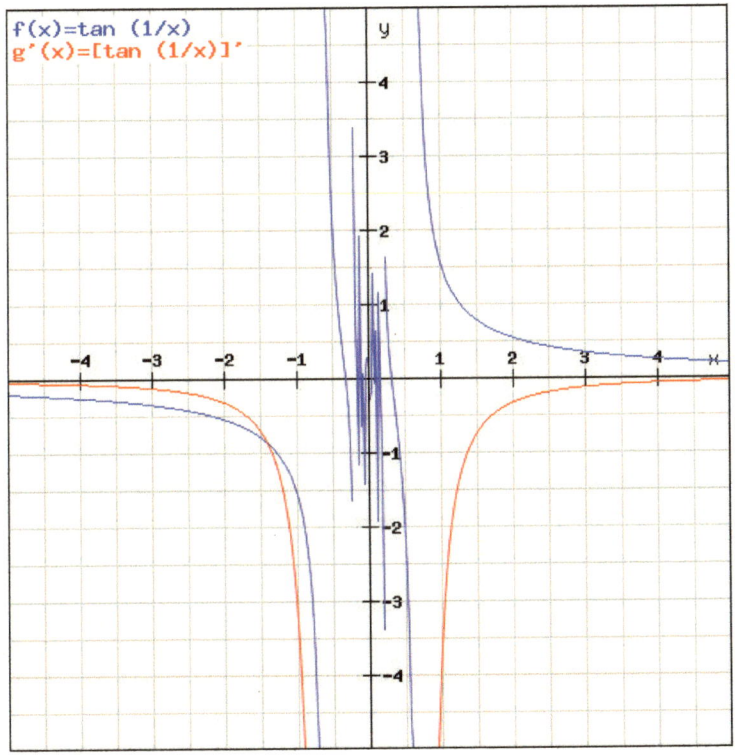

f(x)=tan (1/x)
g'(x)=[tan (1/x)]'

Formel: tan (e ^{x})

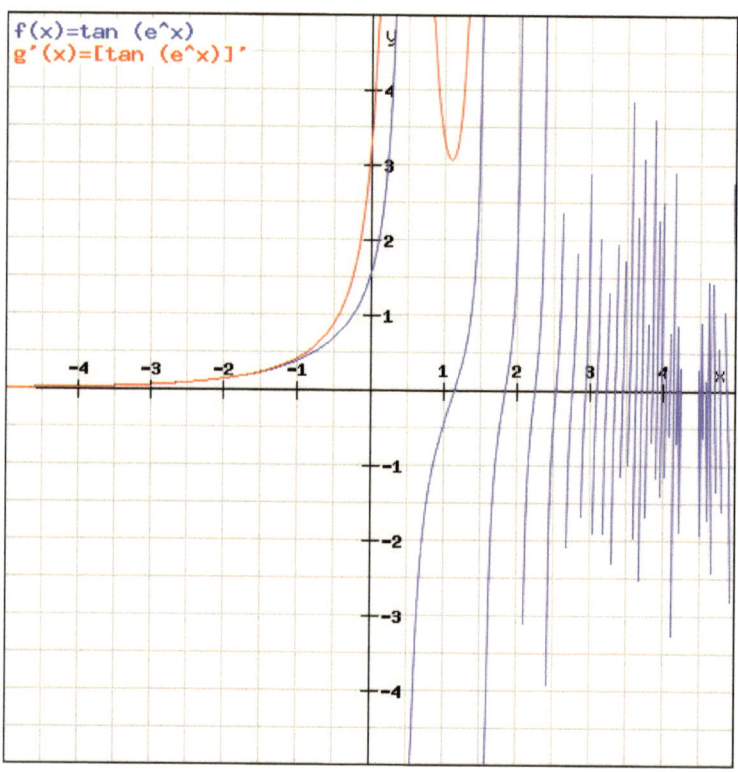

f(x)=tan (e^x)
g'(x)=[tan (e^x)]'

Formel : f(x) = cos (3/x)

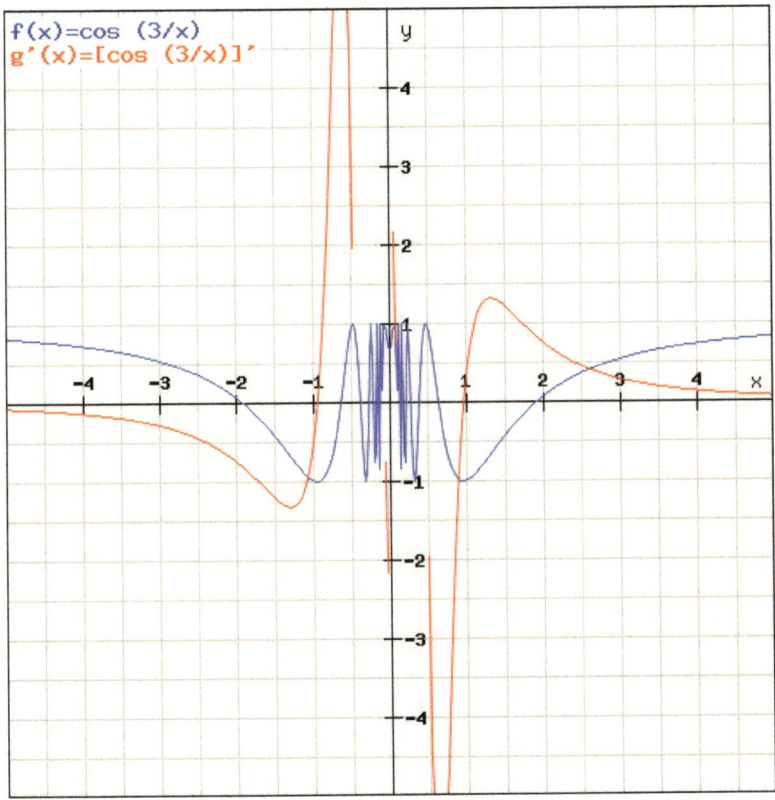

f(x)=cos (3/x)
g'(x)=[cos (3/x)]'

Formel : f(x) = $\sqrt{x}$ / (1/x)

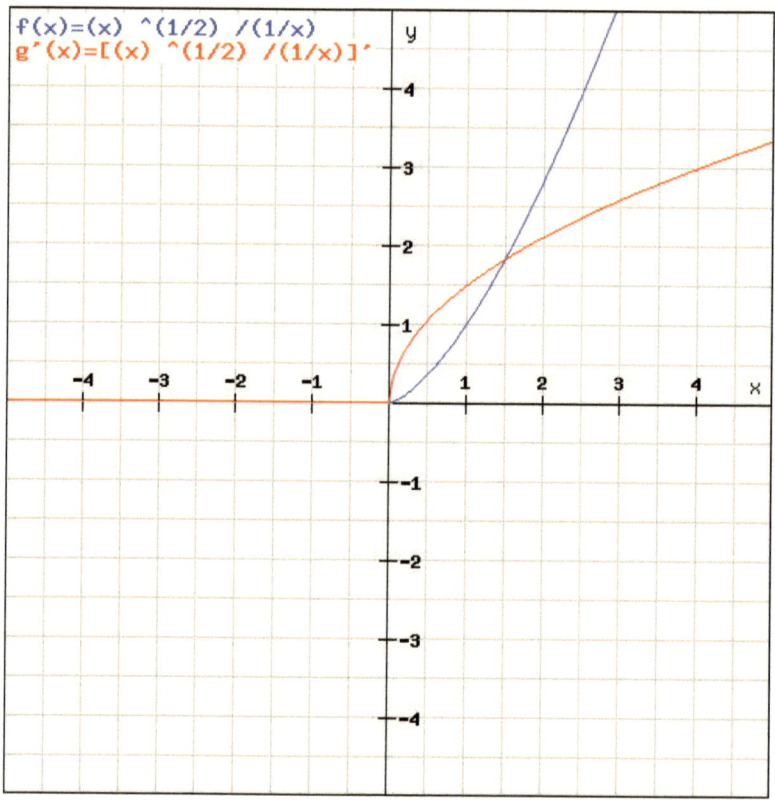

f(x)=(x) ^(1/2) /(1/x)
g'(x)=[(x) ^(1/2) /(1/x)]'

Formel : f(x) = $\sqrt{x}$ + 3/x

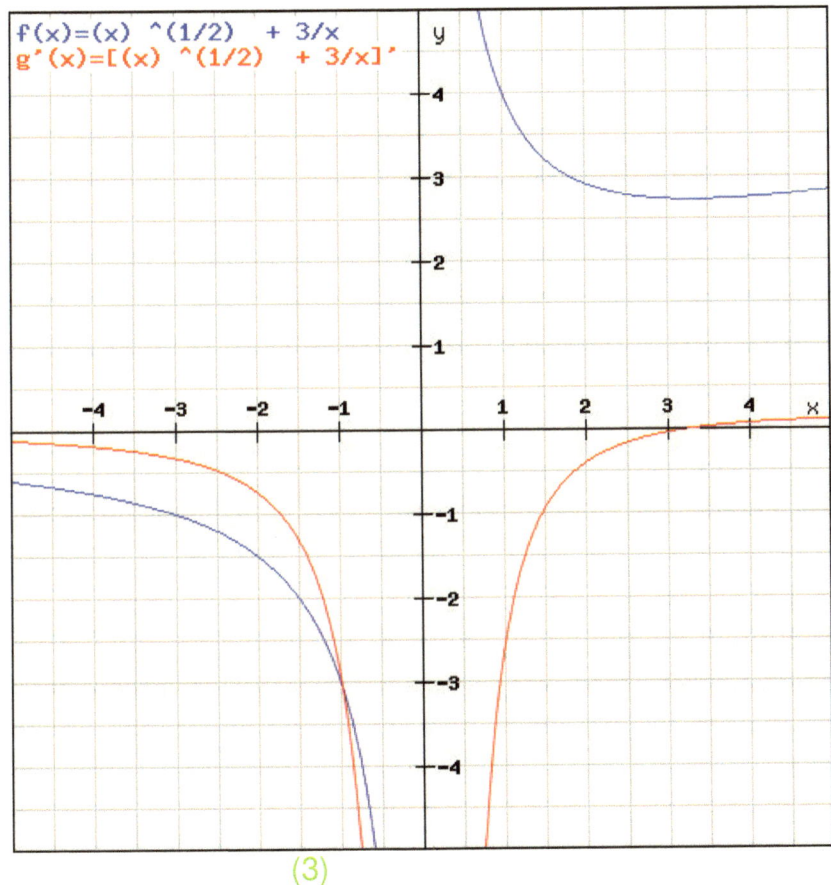

(3)

Die Produktregel

f`(x) = (uv) `= u`v + v `u

Beispiele:

1) $f(x) = \sqrt{x}\,\tan x$

$u = \sqrt{x} = x^{\frac{1}{2}}$

$u` = \frac{1}{2}\,x^{\frac{1}{2}} =$

$\frac{1}{2\sqrt{x}}$

$$v = \tan x \qquad \wedge \qquad v` =$$

$$\frac{1}{\cos^2 x}$$

$$f`(x) = \frac{1}{2\sqrt{x}} \tan x + \frac{1}{\cos^2 x} \sqrt{x} = \frac{\cos^2 x \tan x + 2\sqrt{x}\sqrt{x}}{2\sqrt{x}\cos^2 x} =$$

$$\frac{\cos^2 x \tan x + 2x}{2\sqrt{x}\cos^2 x}$$

2) $f(x) = (x - x\,3)\, e^{-\frac{x^2}{2}}$

$$u = x - x^3 \qquad\qquad\qquad u` =$$
$$1 - 3x^2$$

$$v = e^{-\frac{x^2}{2}} \qquad\qquad\qquad v` =$$

$$-2\frac{1}{2} x\, e^{-\frac{x^2}{2}} = -x\, e^{-\frac{x^2}{2}}$$

$$f`(x) = (1-3x^2)(e^{-\frac{x^2}{2}}) + (-x\, e^{-\frac{x^2}{2}})(x-x^3) = e^{-\frac{x^2}{2}}((1-3x^2 + (-x)(x-x^3)))$$

$$= e^{-\frac{x^2}{2}}(1 - 3x^2 - x^2 + x^4) = e^{-\frac{x^2}{2}}(1 - 4x^2 + x^4)$$

3. $f(x) = (1 + \frac{1}{x})(4 - x)^2$

$$u = 1 + \frac{1}{x} \qquad\qquad\qquad v =$$
$$(4 - x)^2$$

$$u` = -\frac{1}{x^2} \qquad\qquad\qquad v` =$$

$$-2(4-x)$$

$$f`(x) = -\frac{1}{x^2}(4-x)^2 + (-2)(4-x)(1 + \frac{1}{x}) = -\frac{1}{x^2}(4-x)^2 + 2(x-4)$$

$$(1 + \frac{1}{x})$$

$$= -\frac{1}{x^2}(4\text{-}x)\,2 + (x\text{-}4)\,(2\text{+}\tfrac{2}{x}) = -\frac{1}{x^2}(4\text{-}x)^2 + (x\text{-}4)\,\frac{1}{x^2}(2x^2 + 2x)$$

$$= -\frac{1}{x^2}(4\text{-}x)(4\text{-}x) + (x\text{-}4)\,\frac{1}{x^2}(2x^2 + 2x) = \frac{1}{x^2}(4\text{-}x)(x\text{-}4) + (x\text{-}4)$$

$$\frac{1}{x^2}(2x^2 + 2x)$$

$$= \frac{1}{x^2}(x\text{-}4)(4\text{-}x + 2x^2 + 2x) = \frac{1}{x^2}(x\text{-}4)(2x^2 + x + 4)$$

4) $f(x) = \frac{1}{x}(1\text{-}t + \ln tx) = \frac{1}{x}(1\text{-} t + \ln t + \ln x)$

$u = \frac{1}{x}$ $v =$
1-t + ln t + ln x

$u\,` = -\frac{1}{x^2}$                      $v\,`=$

$\frac{1}{x}$

$f\,`(x) = - -\frac{1}{x^2}(1\text{-}t + \ln tx) + \frac{1}{x} + \frac{1}{x} = -\frac{1}{x^2}(2\text{-}t + \ln tx -1) = -\frac{1}{x^2}$

$(\text{-}t + \ln tx)$

$= \frac{1}{x^2}(t\text{-}\ln tx)$

5) $f(x) = \sqrt{x}\ e^{\sin x}$

$v_1 = e^{\sin x}$

$u_1 = e^x$ $v =$
sin x

$u_1\,` = e^x$                      $v\,`=$
cos x

$v\,` = v\,`\,u\,`(v) = \cos x\ e^{\sin x}$

$f(x) = \sqrt{x}\ e^{\sin x}$

$u = \sqrt{x}$ $v = e^{\sin x}$

$u\,` = \frac{1}{2\sqrt{x}}$                    $v\,`=$
cos x e^{\sin x}

$f\,`(x) = u\,`v + v\,`u = \frac{1}{2\sqrt{x}}\ e^{\sin x} + (\cos x\ e^{\sin x}\sqrt{x})$

$$= \frac{1}{2\sqrt{x}}\, e^{\sin x}(1 + 2x \cos x)$$

6) $f(x) = \cot x \sqrt{1 + x^{\frac{3}{}}}$

$u_1 = \sqrt{x}$ $v_1 =$

$1 + x^3$

$u_1` = \frac{1}{2\sqrt{x}}$ v_1

$` = 3x^2$

$v` = 3x^2 \dfrac{1}{2\sqrt{1+x^{\frac{3}{}}}} = \dfrac{3x^{\frac{2}{}}}{2\sqrt{1+x^{\frac{3}{}}}}$

$u = \cot x$ $v =$

$\sqrt{1 + x^{\frac{3}{}}}$

$u` = -\dfrac{1}{\sin^{\frac{2}{}} x}$                            $v` =$

$\dfrac{3x^{\frac{2}{}}}{2\sqrt{1+x^{\frac{3}{}}}}$

$f(x) = u`v + v`u$

$$= -\frac{1}{\sin^{\frac{2}{}} x}\sqrt{1 + x^{\frac{3}{}}} + \frac{3x^{\frac{2}{}}}{2\sqrt{1+x^{\frac{3}{}}}}\cot x = -\frac{\sqrt{1+x^{\frac{3}{}}}}{\sin^{\frac{2}{}} x} + \frac{3x^{\frac{2}{}}\cot x}{2\sqrt{1+x^{\frac{3}{}}}} =$$

$$\frac{3x^{\frac{2}{}}\cot x}{2\sqrt{1+x^{\frac{3}{}}}} - \frac{\sqrt{1+x^{\frac{3}{}}}}{\sin^{\frac{2}{}} x}$$

$$= \frac{3x^{\frac{2}{3}}\cot x \sin^{\frac{2}{3}}x - 2(1+x^{\frac{3}{2}})}{2\sqrt{1+x^{\frac{3}{2}}\sin^{\frac{2}{3}}x}} = \frac{3x^{\frac{2}{3}}\frac{1}{\tan x}\sin^{\frac{2}{3}}x - 2(1+x^{\frac{3}{2}})}{2\sqrt{1+x^{\frac{3}{2}}\sin^{\frac{2}{3}}x}} =$$

$$\frac{3x^{\frac{2}{3}}\frac{1}{\frac{\sin x}{\cos x}}\sin^{\frac{2}{3}}x - 2(1+x^{\frac{3}{2}})}{2\sqrt{1+x^{\frac{3}{2}}\sin^{\frac{2}{3}}x}}$$

$$= \frac{3x^{\frac{2}{3}}\frac{\cos x}{\sin x}\sin^{\frac{2}{3}}x - 2(1+x^{\frac{3}{2}})}{2\sqrt{1+x^{\frac{3}{2}}\sin^{\frac{2}{3}}x}} = \frac{3x^{\frac{2}{3}}\cos x \sin x - 2(1+x^{\frac{3}{2}})}{2\sqrt{1+x^{\frac{3}{2}}\sin^{\frac{2}{3}}x}}$$

7) $f(x) = \dfrac{x}{\sqrt[3]{1+x^{\frac{2}{3}}}} = x(1+x^2)^{-1/3}$

u 1 = x $^{-1/3}$ **v 1**

= 1 + x ^{2}

u 1 `**= - $\dfrac{1}{3}$ x $^{-4/3}$                            **v1 `

= 2x

v ` 2x $(-\dfrac{1}{3})(1+x^2)^{-4/3} = -\dfrac{2}{3}$ x $(1+x^2)^{-4/3}$

u = x   **v** =

$(1+x^2)^{-1/3}$

u `** = 1                                         **v ` =

$-\dfrac{2}{3}$ x $(1+x^2)^{-4/3}$

f `(x) = u `v + v `u

$= 1(1+x^2)^{-1/3} + (-\dfrac{2}{3})x(1+x^2)^{-4/3}\, x = (1+x^2)^{-1/3} + (-\dfrac{2}{3})x^2$

$(1+x^2)^{-4/3}$

Es gilt:

$b = a\,\dfrac{b}{a}$ **mit** $a = (1+x^2)^{-4/3}$ $b = (1+x^2)$ **ergibt sich:**

$$f`(x) = (1+x^2)^{-4/3}\left(-\dfrac{2}{3}x^2 + \dfrac{(1+x^2)^{-\frac{1}{3}}}{(1+x^2)^{-\frac{4}{3}}}\right) = (1+x^2)^{-4/3}\left(-\dfrac{2}{3}x^2\right.$$

$$+\left. (1+x^2)^{\left(-\frac{1}{3}-\left(-\frac{4}{3}\right)\right)}\right)$$

$$(1 + x^2)^{-4/3} \left(-\frac{2}{3} x^2 + (1 + x^2)^2 \right) = (1 + x^2)^{-4/3} (1 + x^2 - \frac{2}{3} x^2) =$$

$$(1 + x^2)^{-4/3} \left(\frac{x^2}{3} + 1 \right)$$

8) $f(x) = \vdots x \vdots e^{\tan x}$

a) $u_1 = e^x$ $v_1 =$

t+x

$u_1` = e^x$                             $v_1`$

1

$v` = 1 e^{t+x} = e^{t+x}$

$u = x$ $v =$

e^{t+x}

$u` = 1$                               $v` =$

e^{t+x}

$f(x) = 1 e^{t+x} + 1 e^{t+x} x = e^{t+x} (1+x)$

b) $u_1 = e^x$ $v_1 =$

t+x

$u_1` = e^x$ v_1

$` = 1$

$v` = e^{t+x}$

$u = - x$ $v =$

e^{t+x}

$u` = -1$                              $v` =$

e^{t+x}

$f`(x) = - 1 e^{t+x} + 1 e^{t+x} x = e^{t+x} (x-1)$

$$f`(x) = \begin{cases} = e^{t+x}(1+x) \\ = e^{t+x}(x-1) \end{cases}$$

9) $f(x) = 2 - x^2 \sqrt{4 - x^2}$

$u_1 = \sqrt{x}$ $v_1 =$
$4 - x^2$

$u_1` = \frac{1}{2\sqrt{x}}$ v_1

$` = -2x$

$v` = -2x \frac{1}{2\sqrt{4-x^2}} = \frac{-x}{\sqrt{4-x^2}}$

$u = 2 - x^2$ $v =$
$\sqrt{4 - x^2}$

$u` = -2x$       $v` =$
$\frac{-x}{\sqrt{4-x^2}}$

$f`(x) = -2x\sqrt{4-x^2} + \frac{-x}{\sqrt{4-x^2}}(2-x^2) = \frac{-2x(4-x^2)-x(2-x^2)}{\sqrt{4-x^2}} =$

$\frac{-8x+2x^2-2x+x^3}{\sqrt{4-x^2}}$

$= \frac{x(-8+2x^2-2+x^2)}{\sqrt{4-x^2}} = \frac{x(3x^2-10)}{\sqrt{4-x^2}}$

10) $f(x) = -\frac{3}{x} + (5x + x^2)\frac{1}{\sqrt{1-\frac{t^2}{x^2}}} = -\frac{3}{x} + (5x + x^2)(1-\frac{t^2}{x^2})$

77

$$u_1 = x^{-\frac{1}{2}} \qquad\qquad v_1 =$$

$$1 - \frac{t^2}{x^2} = 1 - t^2 x^{-2}$$

$$u_1{}` = -\frac{1}{2} x^{-\frac{3}{2}} \qquad\qquad v_1$$

$$` = -t^2 (-2) x^{-3}$$

$$v` = 2\,t\,2\,x - 3\,(-\frac{1}{2})\,(1 - \frac{t^2}{x^2})^{\frac{-3}{2}} = \frac{-t^2 x^{-3}}{\sqrt{\left(1 - \frac{t^2}{x^2}\right)^{3}}}$$

$$u = 5x - x^2 \qquad\qquad v =$$

$$\frac{1}{\sqrt{1 - \frac{t^2}{x^2}}}$$

$$u = 5 - 2x \qquad\qquad v` =$$

$$\frac{-t^2}{x^3 \sqrt{\left(1 - \frac{t^2}{x^2}\right)^{3}}}$$

$$f`(x) = \frac{3}{x^2} (u`v + v`u) = \frac{3}{x^2} + \left(\, (5 - 2x)\, \frac{1}{\sqrt{1 - \frac{t^2}{x^2}}} + \frac{-t^2}{x^3 \sqrt{\left(1 - \frac{t^2}{x^2}\right)^{3}}} \right.$$

$$(5x - x^2)$$

$$= \frac{3}{x^{\frac{2}{-}}} + \left(\frac{5-2x}{\sqrt{1-\frac{t^{2}}{x^{2}}}} - \frac{-t^{\frac{2}{-}}}{x^{\frac{3}{-}}\sqrt{\left(1-\frac{t^{2}}{x^{2}}\right)^{\frac{3}{-}}}}\right) (5x - x^{2}) =$$

$$\frac{3}{x^{\frac{2}{-}}} + \left(\frac{\left(5-2x\left(1-\frac{t^{\frac{2}{-}}}{x^{2}}\right)^{\frac{3}{2}}-\left(1-\frac{t^{\frac{2}{-}}}{x^{2}}\right)^{\frac{1}{2}}\left(5x-x^{\frac{2}{-}}\right)\right)}{\left(1-\frac{t^{\frac{2}{-}}}{x^{2}}\right)^{\frac{3}{2}}\left(1-\frac{t^{\frac{2}{-}}}{x^{2}}\right)^{\frac{1}{2}}x^{\frac{3}{-}}}\right)$$

$$= \frac{3}{x^{\frac{2}{-}}} + \left(\frac{\left(5-2x\left(1-\frac{t^{\frac{2}{-}}}{x^{2}}\right)^{\frac{3}{2}}-\left(1-\frac{t^{\frac{2}{-}}}{x^{2}}\right)^{\frac{1}{2}}\left(5x-x^{\frac{2}{-}}\right)\right)}{\left(1-\frac{t^{\frac{2}{-}}}{x^{2}}\right)^{\frac{2}{-}}x^{\frac{3}{-}}}\right) = \frac{3}{x^{\frac{2}{-}}} +$$

$$\left(\frac{\left(1-\frac{t^{\frac{2}{-}}}{x^{2}}\right)^{\frac{3}{2}}\left((5-2x)x^{\frac{3}{-}}1-\left(1-\frac{t^{\frac{2}{-}}}{x^{2}}\right)^{\frac{1}{3}}(5x-x^{\frac{2}{-}})\right)}{\left(1-\frac{t^{\frac{2}{-}}}{x^{2}}\right)^{\frac{2}{-}}x^{\frac{3}{-}}}\right)$$

$$= \frac{3}{x^{\frac{2}{-}}} + \left(\frac{(5-2x)t^{\frac{3}{-}}-\left(1-\frac{t^{\frac{2}{-}}}{x^{2}}\right)^{\frac{1}{3}}(5x-x^{\frac{2}{-}})}{\left(1-\frac{t^{\frac{2}{-}}}{x^{2}}\right)^{\frac{2}{-}}x^{\frac{3}{-}}}\right)$$

11) $f(x) = \frac{3\frac{1}{5}x^{\frac{5}{-}}+10\frac{2}{3}x^{\frac{3}{-}}}{\sqrt{ln\frac{tx}{x-4}}} = (3\frac{1}{5}x^{\frac{5}{-}} + 10\frac{2}{3}x^{\frac{3}{-}})(\ln\frac{tx}{x-4})^{-1/2}$

$u_1 = x^{1/2}$ $v_1 =$

$\ln\frac{tx}{x-4}$

                                                        $= \ln$
                                            $t + \ln x + \ln$
                                            $(x-4)$

                                                        v
                                            $`1 = 0 + \frac{1}{x} -$

79

$$\frac{\frac{1}{x-4}}{\frac{-4}{x\,(x-4)}} =$$

$$\mathbf{v}\grave{} = \frac{-4}{x\,(x-4)}\left(-\frac{1}{2}\right)\left(\ln\frac{tx}{x-4}\right)^{-3/2} = \frac{2\left(\ln\frac{tx}{x-4}\right)^{-\frac{3}{2}}}{x\,(x-4)} = \frac{2}{x\,(x-4)\sqrt{\left(\ln\frac{tx}{x-4}\right)^{\frac{3}{}}}}$$

$$\mathbf{u} = 3\frac{1}{5}\,x^{\frac{5}{}} + 10\,\frac{2}{3}\,x^{\frac{3}{}} \hspace{4cm} \mathbf{v}$$

$$= \frac{1}{\sqrt{\ln\frac{tx}{x-4}}}$$

$$\mathbf{u}\grave{} = 16\,x^{\,4} + 32\,x^{\,2} \hspace{4cm} \mathbf{v}\grave{} =$$

$$\frac{2}{x\,(x-4)\sqrt{\left(\ln\frac{tx}{x-4}\right)^{\frac{3}{}}}}$$

$$f\grave{}(x) = (16\,x^{\,4} + 32\,x^{\,2})\,\frac{1}{\sqrt{\ln\frac{tx}{x-4}}} + \frac{2}{x\,(x-4)\sqrt{\left(\ln\frac{tx}{x-4}\right)^{\frac{3}{}}}}\left(3\frac{1}{5}\,x^{\frac{5}{}} +\right.$$

$$\left. 10\,\frac{2}{3}\,x^{\frac{3}{}}\right)$$

$$= \frac{16\,x\,4 + 32\,x\,2}{\sqrt{\ln\frac{tx}{x-4}}} + \frac{2}{x\,(x-4)\sqrt{\left(\ln\frac{tx}{x-4}\right)^{\frac{3}{}}}}\left(3\frac{1}{5}\,x^{\frac{5}{}} + 10\,\frac{2}{3}\,x^{\frac{3}{}}\right)$$

$$= 16\,x^{\,4} + 32\,x^{\,2}\left(\ln\frac{tx}{x-4}\right)^{-1/2} + 2\left(3\frac{1}{5}\,x^{\frac{5}{}} + 10\,\frac{2}{3}\,x^{\frac{3}{}}\right)\left(\ln\frac{tx}{x-4}\right)^{-3/2}(x(x-4)^{-1}$$

$$= (\ln \frac{tx}{x-4})^{-3/2} \left((16 \, x^4 + 32 \, x^2) \frac{(\ln \frac{tx}{x-4})^{-\frac{1}{2}}}{(\ln \frac{tx}{x-4})^{-\frac{3}{2}}} + 2 \, (3\frac{1}{5} \, x^{\frac{5}{}} + \right.$$

$$10 \, \frac{2}{3} \, x^{\frac{3}{}}) \, (x(x-4)^{-1}$$

$$= (\ln \frac{tx}{x-4})^{-3/2} \left((16 \, x^4 + 32 \, x^2) \, (\ln \frac{tx}{x-4})^{1} + 2 \, (3\frac{1}{5} \, x^{\frac{5}{}} + \right.$$

$$10 \, \frac{2}{3} \, x^{\frac{3}{}}) \, (x(x-4)^{-1}$$

$$= \frac{\left((16 \, x^{\frac{4}{}} + 32 \, x^{\frac{2}{}})(\ln \frac{tx}{x-4}) + (6\frac{2}{5} x^{\frac{5}{}} + 21\frac{1}{3} x^{\frac{3}{}}) \right)}{\sqrt{(\ln \frac{tx}{x-4})^3} \, x(x-4)} =$$

$$\frac{\left((4 \, x^{\frac{2}{}} + 8)^2 (\ln \frac{tx}{x-4}) + 32 \, x^{\frac{3}{}}(x^{\frac{2}{}} + \frac{2}{3}) \right)}{\sqrt{(\ln \frac{tx}{x-4})^3} \, x(x-4)}$$

12) $f(x) = \dfrac{1}{\sqrt{3x}} = (3x)^{-1/2}$

$u = x^{-1/2}$ $\qquad\qquad\qquad\qquad$ $v = 3x$

$u^{`} = -\dfrac{1}{2} x^{-3/2}$ $\qquad\qquad\qquad$ $v^{`} = 3$

$f^{`}(x) = 3 \, (-\dfrac{1}{2}) \, (3x)^{-3/2} = -\dfrac{3}{2} \dfrac{1}{\sqrt{(3x)^{\frac{3}{}}}}$

Es gilt: $\dfrac{1}{\sqrt{a}} = \dfrac{1 \sqrt{a}}{\sqrt{a} \sqrt{a}} = \dfrac{\sqrt{a}}{a}$ $\qquad\qquad$ **mit** $a = (3x)^2$

$f^{`}(x) = -\dfrac{3}{2} \dfrac{\sqrt{(3x)^{\frac{3}{}}}}{(3x)^{\frac{3}{}}} = -\dfrac{3}{2} \dfrac{3x \sqrt{3x}}{(3x)^{\frac{3}{}}} = -\dfrac{3}{2} \dfrac{3x \sqrt{3x}}{27 \, x^{\frac{3}{}}} = -\dfrac{3}{2} \dfrac{\sqrt{3x}}{9 \, x^{\frac{2}{}}} = -\dfrac{1}{2}$

$\dfrac{\sqrt{3x}}{3 \, x^{\frac{2}{}}} = \dfrac{-\sqrt{3x}}{6 \, x^{\frac{2}{}}}$ $\qquad$ (4)

Kommen wir nun zur Quotientenregel:

Herleitung:

Gegeben sei $f(x) = (u(x) \frac{1}{v(x)}) =$ ach

der Produktregel gilt:

$u\grave{}(x) + \frac{1}{v(x)} + u(x) \frac{1}{v(x)}$. Nach der *Kehrwertregel* (ergibt

sich z. B. direkt

oder mit Hilfe der Kettenregel)

$(\frac{1}{v(x)}) = \frac{v\grave{}(x)}{v(x)}$ folgt: $\frac{u\grave{}(x)v(x) - u(x)v\grave{}(x)}{v^{\underline{2}}(x)}$ Eine alternative

Herleitung gelingt

nur mit der Produktregel durch Ableiten der

Funktionsgleichung

$f(x) v(x) = u(x)$. Allerdings wird hierbei implizit

vorausgesetzt, dass

überhaupt eine Ableitung besitzt, das heißt, dass

$f(x)$ existiert: $f\grave{}(x) v x) + f(x) v\grave{}(x) = u\grave{}(x)$. folglich:

$$f\grave{}(x) = \frac{u\grave{}(x)}{v(x)} - \frac{u(x)}{v(x)} \frac{v\grave{}(x)}{v(x)} = \frac{v\grave{}(x)v(x) - u(x)v\grave{}(x)}{v^{\underline{2}}(x)}$$

Schauen wir uns die Quotientenregel genauer an!

Die Quotientenregel besagt

$f(x) = g(x)h(x) \rightarrow f'(x) = h(x) \cdot g'(x) - g(x) \cdot h'(x) / [h(x)]^{\underline{2}}$

Was zunächst vielleicht kompliziert aussieht, ist eigentlich ganz einfach:

1. Ableitungen der beiden
   Teilfunktionen g(x)g(x) und h(x)h(x) berechnen
2. Zwischenergebnisse in die Formel einsetzen
   Um das folgende Beispiel zu verstehen, sollte dir
   die Potenzregel bereits
   bekannt sein.

$$f(x)=x^{2}\,\frac{}{}\,x^{4}\,\frac{}{}$$

Zunächst berechnen wir die Ableitungen der beiden
Teilfunktionen

$$g(x)=x^{2}\,\frac{}{}\rightarrow g'(x)=2x$$

$$h(x)=x^{4}\,\frac{}{}\rightarrow h'(x)=4x^{3}\,\frac{}{}$$

Anschließend setzen wir entsprechend in die Formel
ein

$$f'(x)=h(x)\cdot g'(x)-g(x)\cdot h'(x)[h(x)\,^{2}\,\frac{}{}$$

$$f'(x)=x^{2}\,\frac{}{}\cdot 2x-x^{2}\,\frac{}{}\cdot 4x^{3}\,\frac{}{}[x^{4}\,\frac{}{}]$$

Unter Beachtung der Potenzgesetze lässt sich das
Ergebnis vereinfachen zu

$$f'(x)=x^{4}\,\frac{}{}\cdot 2x-x^{2}\,\frac{}{}\cdot 4x^{3}\,\frac{}{}[x^{4}\,\frac{}{}]^{2}\,\frac{}{}=2x^{5}\,\frac{}{}-4x^{5}\,\frac{}{}x^{8}\,\frac{}{}=-2x^{5}\,\frac{}{}x$$

$$\frac{8}{}=-2x-3$$

Hinweis: Selbstverständlich könnte man im obigen
Beispiel den Bruch
mit Hilfe der Potenzgesetze vereinfachen und sich so
die Arbeit mit der Quotientenregel sparen. Zum
Erlernen der Quotientenregel eignet sich dieses
"einfache" Beispiel jedoch hervorragend.
Normalerweise würde man diese Aufgabe also
folgendermaßen (nur mit Hilfe der Potenzregel)
berechnen:
Potenzgesetz (Statistik)

In der Mathematik sind Potenzgesetze (engl. *power laws*)
Gesetzmäßigkeiten, die die Form
eines Monoms haben: $y = a x^b$.
Sie gehören zu den Skalengesetzen und beschreiben die Skaleninvarianz
vieler natürlicher Phänomene. Sie treten beispielsweise im Zusammenhang
mit Worthäufigkeiten (Zipfsches Gesetz) oder menschlicher Wahrnehmung (Stevenssche Potenzfunktion) auf. Pareto-Verteilungen sind ebenfalls Potenzgesetze.

Mathematische Details

Potenzgesetze
beschreiben polynomielle Abhängigkeiten zwischen zwei
Größen y und x der Form $y = a x^b$ ...Dabei ist a
der *Vorfaktor* und b der *Exponent* des Potenzgesetzes, und die durch + ... angedeuteten
Zusatzterme werden als vernachlässigbar angenommen und weggelassen.
Der Wert von a ist meist weniger relevant – man interessiert sich eher
für den Exponenten des Potenzgesetzes, da dieser bestimmt, ob y mit
steigendem x ab- oder zunimmt und mit welcher Geschwindigkeit.
Insbesondere kann der Vorfaktor in den Exponenten integriert
$y = a x^b$ werden. wird dazu umgeformt zu: $y = x^{\frac{x \log_x a}{}}$

Ob eine gegebene Verteilung durch eine
Potenzfunktion angenähert
werden kann, zeigt sich bei einer doppelt-
logarithmischen Auftragung:
Ist der Graph der Funktion eine Gerade, so ist eine
Näherung durch eine Potenzfunktion möglich. Die
Steigung der Gerade ist dann ihr Exponent.
Eine detaillierte Herleitung und Beispiel findet sich im
Artikel
Pareto-Verteilung.

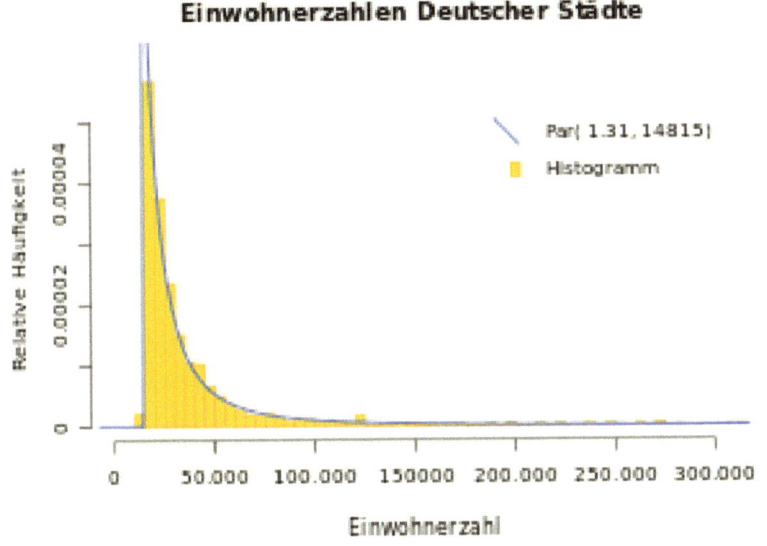

Exponentielles Wachstum von Städten
Ein Potenzgesetz der Größenverteilung ergibt sich bei

exponentiellem Wachstum, wenn sowohl die Anzahl als auch die
Ausdehnung der zu messenden
Objekte exponentiell wächst. Die Größenverteilung der Objekte
zu einem beliebigen Zeitpunkt gehorcht dann einem Potenzgesetz:
Beispielsweise sei die Anzahl von Städten zum Zeitpunkt t eine
exponentiell wachsende Größe:
$n(t) = e^{vt}$. Die Ausdehnung einer zum Zeitpunkt ti gegründeten
Stadt zum Zeitpunkt t sei ebenso
exponentiell wachsend: $ki = e^{\mu(t-ti)}$ ($\in (1, \infty)$). Für die Ausdehnung
ki der Städte gilt folglich die
Wahrscheinlichkeitsaussage: $P (ki (t) < k) = P (e^{\mu(t-ti)} < k)$ Durch Logarithmieren und Umformen
ergibt sich daraus :
$Pki (t) < k) = P(\mu (t-ti) < \ln k = P (t-ti < \ln k^{1/\mu}) = 1-ti \leq t-\ln k^{1/\mu})$
Die Wahrscheinlichkeit zum Zeitpunkt t, dass eine zufällige Stadt
i vor einem gewählten Zeitpunkt
t0 gegründet worden ist, beträgt $P t (ti<t0) = \frac{n (t0)}{n (t)}$
$\frac{e^{1/t0}}{e^{vt}} = e^{v (t0-t)}$.

Verwendet man diese Formel für die Berechnung der Verteilungsfunktion (setze t0 = t − k $^{1/\mu}$), so ergibt sich die Verteilungsfunktion.

$$P(ki(t) < k) = 1-e^{\dfrac{v\left(t-\ln k^{\frac{1}{\mu}}-t\right)}{}} = 1-e^{\dfrac{\ln k^{\frac{v}{\mu}}}{}} = 1-\dfrac{1}{k^{\frac{v}{\mu}}}$$

Die zugehörige Wahrscheinlichkeitsdichte für die Ausdehnung
(Ableitung der Verteilungsfunktion; „Größenverteilung") ist folglich von der gesuchten Form:

$$p(k) = a\, k^{-\left(1+\frac{v}{\mu}\right)} \; ; k \in (1, \infty) \text{ das heißt mit } a = -1 - \mu\,/\,v.$$

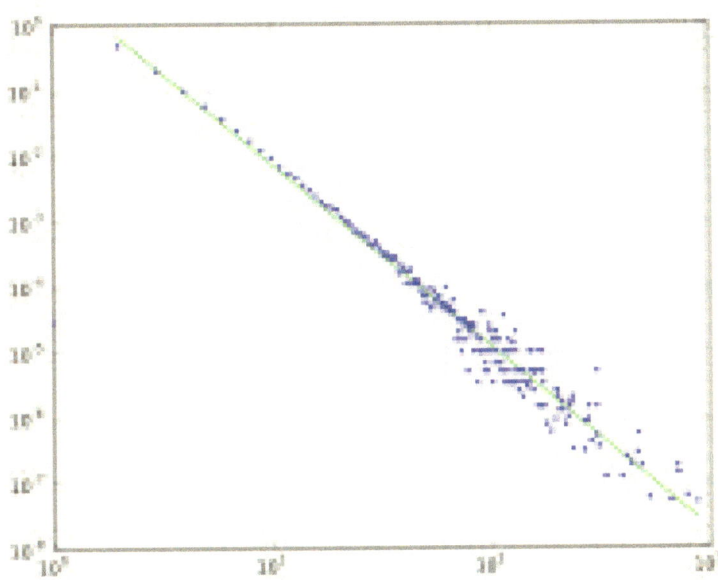

Die Quotientenregel:

Es gilt:

$$f'(x) = \left(\frac{u}{v}\right)' = \frac{u'v + v'u}{v^2}$$

Beispiele:

1) $f(x) = \dfrac{2\,(x^2+1)}{(x+1)^2} = 2\,\dfrac{(x^2+1)}{(x+1)^2}$

$u_{(x)} = x^2 + 1$ $v_{(x)}$
$= (x+1)^2$

$u'_{(x)} = 2x$ v'
$_{(x)} = 2\,(x+1)$

$f'(x) = 2\,\dfrac{2x\,(x+1)^2 - 2(x+1)\,(x^2+1)}{(x+1)^4} = 2\,\dfrac{2\,(x+1)\Big(x\,(x+1) - \big(x^2+1\big)\Big)}{(x+1)^4} = 2$

$\dfrac{2\,(x+1)\Big(x^2 + x - x^2 - 1\Big)}{(x+1)^4}$

$= 2\,\dfrac{2(x+1)(x-1)}{(x+1)^4} = 4\,\dfrac{x-1}{(x+1)^3}$

2) $f(x) = \dfrac{5}{x^2 - 2x - 3} = 5\,\dfrac{1}{x^2 - 2x - 3}$

$u = 1$ $v =$
$x^2 - 2x - 3$

u`= 0**  $\qquad\qquad\qquad\qquad\qquad\qquad\qquad$ **v`=
2x − 2

$$f\,`(x) = \left(\frac{u}{v}\right)` = \frac{u\,`v + v\,`u}{v^{\underline{2}}}$$

$$= 5\,\frac{0\left(x^{\underline{2}}-2x-3\right)-(2x-2)1}{\left(x^{\underline{2}}-2x-3\right)^{\underline{2}}} = 5\,\frac{-(2x-2)}{\left(x^{\underline{2}}-2x-3\right)^{\underline{2}}} = 5\,\frac{-2x+2}{\left(x^{\underline{2}}-2x-3\right)^{\underline{2}}} = 5$$

$$\frac{2-2x}{\left(x^{\underline{2}}-2x-3\right)^{\underline{2}}}$$

$$= 5\,\frac{2\,(1-x)}{\left(x^{\underline{2}}-2x-3\right)^{\underline{2}}} = \frac{10\,(1-x)}{\left(x^{\underline{2}}-2x-3\right)^{\underline{2}}}$$

3) $f\,(x) = \frac{10\,t}{x-1} - \frac{40}{x^{\underline{2}}}$

a) u = 10 t $\qquad\qquad\qquad\qquad\qquad\qquad\qquad$ **v =**
x-1

u`= 0** $\qquad\qquad\qquad\qquad\qquad\qquad\qquad\qquad$ **v`=
1

$$f_1(x) = \frac{0\,(x-1)-1\,(10\,t)}{(x-1)^{\underline{2}}} = \frac{-10\,t}{(x-1)^{\underline{2}}}$$

b) $f\,_2(x) = \frac{0\,x^{\underline{2}}-2x\,40}{\left(x^{\underline{2}}\right)^{\underline{2}}} = \frac{-80\,x}{x^{\underline{4}}} = \frac{-80}{x^{\underline{3}}}$

$$f\,`_{ges}\,(x) = \frac{-10\,t}{(x-1)^{\underline{2}}} + \frac{80}{x^{\underline{3}}}$$

4) $f\,t\,(x) = \frac{t\,e^{\underline{x}}}{\left(t+e^{\underline{x}}\right)} = t\,\frac{e^{\underline{x}}}{\left(t+e^{\underline{x}}\right)}$

u = e ^{x} $\qquad\qquad\qquad\qquad\qquad\qquad\qquad$ **v = t + e** ^{x}

u`= e ^{x} $\qquad\qquad\qquad\qquad\qquad\qquad\qquad\qquad$ **v =**
e ^{x}

$$f\ t`(x) = t\ \frac{e^{\frac{x}{2}}\left(t+e^{\frac{x}{2}}\right)-e^{\frac{x}{2}}e^{\frac{x}{2}}}{\left(t+e^{\frac{2}{2}}\right)} = t\ \frac{t\,e^{\frac{x}{2}}+\left(e^{\frac{x}{2}}\right)^{\frac{2}{2}}-\left(e^{\frac{x}{2}}\right)^{\frac{2}{2}}}{\left(t+e^{\frac{2}{2}}\right)} = t\ \frac{t\,e^{\frac{x}{2}}}{\left(t+e^{\frac{2}{2}}\right)} = t$$

$$2\ \frac{e^{\frac{x}{2}}}{\left(t+e^{\frac{x}{2}}\right)^{\frac{2}{2}}}$$

$$f`(x) = t\ 2\ \frac{e^{\frac{x}{2}}}{\left(t+e^{\frac{x}{2}}\right)^{\frac{2}{2}}}$$

$u(x) = e^x \qquad\qquad v =$
$(t + e^x)^2$

$u`(x)\,e^x \qquad\qquad v` =$
$2\,e^x\,(t + e^x)$

$$f``(x) = t\ 2\ \frac{e^{\frac{x}{2}}\left(t+e^{\frac{x}{2}}\right)^{\frac{2}{2}}-2e^{\frac{x}{2}}\left(t+e^{\frac{x}{2}}\right)e^{\frac{x}{2}}}{\left(t+e^{\frac{x}{2}}\right)^{\frac{4}{2}}} = t\ 2\ \frac{e^{\frac{x}{2}}\left(t+e^{\frac{x}{2}}\right)\left(t+e^{\frac{x}{2}}-2e^{\frac{x}{2}}\right)}{\left(t+e^{\frac{x}{2}}\right)^{\frac{3}{2}}}$$

$$= t\ 2\ \frac{e^{\frac{x}{2}}\left(t-e^{\frac{x}{2}}\right)}{\left(t+e^{\frac{x}{2}}\right)^{\frac{3}{2}}}$$

5) $f(x) = \dfrac{x^{3}-tx^{\frac{2}{2}}}{2\,(x+2)^{\frac{2}{2}}}$

$u_1 = x\ 2 \qquad\qquad v =$
$x+2$

$u_1` = 2x \qquad\qquad v` =$
1

$v` = 1\ 2\ (x+2)\ 2$

$u = x^{3} - tx^{2} \qquad\qquad v =$
$2\,(x+2)^{2}$

$u` = 3x2 - 2tx$                 $v` = 4(x+2)$

$$f_t`(x) = \frac{\left(3x^2-2tx\right)2(x+2)^2-4(x+2)\left(x^3-tx^2\right)}{\left(2(x+2)^2\right)^2} =$$

$$\frac{\left(3x^2-2tx\right)2(x+2)^2-4(x+2)\left(x^3-tx^2\right)}{4(x+2)^4}$$

$$= \frac{2(x+2)\left(\left(3x^2-2tx\right)(x+2)-2\left(x^3-tx^2\right)\right)}{4(x+2)^4} = \frac{\left(3x^2-2tx\right)(x+2)-2\left(x^3-tx^2\right)}{2(x+2)^3}$$

$$= \frac{3x^3-6x^2-2tx^2-4tx-2x^3+2tx^2}{2(x+2)^3} = \frac{x^3+6x^2-4tx}{2(x+2)^3} = \frac{x\left(x^2+6x-4t\right)}{2(x+2)^3}$$

6) $f_t(x) = \dfrac{t^2 x}{e^{tx}} = t^3 \dfrac{x}{e^{tx}}$

$u_1 = e^x$ $v_1 = tx$

$u_1` = e^x$                 $v1` = t$

$v` = t e^{tx}$

$u = x$ $v = e^{tx}$

$u` = 1$                 $v` = t e^{tx}$

$$f`_t(x) = t^2 \left(\frac{1 e^{tx}-te^{tx}x}{\left(e^{tx}\right)^2}\right) = t^2 \frac{e^{tx}(1-tx)}{\left(e^{tx}\right)^2} = t^2 \frac{1-tx}{e^{tx}} = \frac{t^2(1-tx)}{e^{tx}}$$

7) $f(x) = \dfrac{\sqrt{x+1}}{x^2-1}$

$u_1 = \sqrt{x}$ $\qquad$ $v_1 =$
x+1

$u_1` = \frac{1}{2\sqrt{x}}$ $\qquad$ v_1

`= 1

$u` = 1 \dfrac{1}{2\sqrt{x+1}}$

$f`(x) = \dfrac{\frac{1}{2\sqrt{x+1}}\left(x^2-1\right)-2x\sqrt{x+1}}{\left(x^2-1\right)\frac{2}{—}} = \dfrac{\frac{2\sqrt{x+1}}{2\sqrt{x+1}}\left(x^2-1\right)-2x\,2(\sqrt{x+1})\frac{2}{—}}{2\left(x^2-1\right)\frac{2}{—}(\sqrt{x+1})} =$

$\dfrac{\left(x^2-1\right)-4x\,(x+1)}{\left(x^2-1\right)2\sqrt{x+1}}$

$= \dfrac{x^2-1-4x^2-4x}{2\left(x^2-1\right)\sqrt{x+1}} = \dfrac{-3x^2-4x-1}{\left(x^2-1\right)2\sqrt{x+1}} = \dfrac{3x^2+4x+1}{\left(1-x^2\right)2\sqrt{x+1}}$

8) $f(x) = 10\,t + \dfrac{\sqrt{\sin tx}}{(\cos x+2)} + \tan x$

$u_1 = \sqrt{x}$ $\qquad$ $v_1 =$
sin tx

$u_1` = \frac{1}{2\sqrt{x}}$ $\qquad$ $v´_1$
= t cos tx

$u` = t \cos tx\,\dfrac{1}{2\sqrt{\sin tx}}$

$u_2 = x^2$ $\qquad$ $v_2 =$
cos (x+2)

$u_2` = 2x$ $\qquad$ $v`_2$
= - sin (x-2)

$v` = -\sin (x+2)\,2\,(\cos (x+1))$

$u = \sqrt{\sin tx}$ $\qquad$ $v =$
$(\cos (x+2))^2$

92

$$u` = t \cos tx \, \frac{1}{2\sqrt{\sin tx}} \qquad\qquad v` =$$

$$-\sin(x+2)2\cos(x+2))$$

$$f`(x) = \frac{\left(t\cos tx\frac{1}{2\sqrt{\sin tx}}\right)(\cos(x+2))^2 - \sin(x+2)2\cos(x+2)\sqrt{tx}}{(\cos(x+2))^4}$$

$$= \frac{(t\cos tx\cos(x+2)\frac{1}{2\sqrt{\sin tx}} - 2\sin(x+2)\sqrt{\sin tx}}{(\cos(x+2))^3} =$$

$$\frac{(t os tx\cos(x+2)1 - 2\sin(x+2)\sqrt{\sin tx}\,2\sqrt{\sin tx}}{(\cos(x+2))^3\,2\sqrt{\sin tx}}$$

$$= \frac{(t\cos tx\cos(x+2) - 4\tan(x+2)\cos(x+2)2\sin(tx))}{(\cos(x+2))^3\,2\sqrt{\sin tx}}$$

$$= \frac{\cos(x+2)(t\cos tx - 4\tan(x+2)2(\sin tx))}{(\cos(x+2))^3\,2\sqrt{\sin tx}} = \frac{t\cos tx - 4\tan(x+2)2(\sin tx)}{(\cos(x+2))^2\,2\sqrt{\sin tx}}$$

$$f`_{ges}(x) = 0 + \frac{\cos(x+2)(t\cos tx - 4\tan(x+2)2(\sin tx))}{(\cos(x+2))^2\,2\sqrt{\sin tx}} + \frac{1}{\cos^2 x}$$

$$= \frac{\cos(x+2)(t\cos tx - 4\tan(x+2)2(\sin tx))}{(\cos(x+2))^2\,2\sqrt{\sin tx}} + \frac{1}{\cos^2 x}$$

9) $f(x) = \dfrac{\frac{1}{3}x^3 + 2\frac{1}{2}x^2\frac{1}{2}t^2 + \frac{1}{3}t^3}{(x+t)^2}$

$$u(x) = \frac{1}{3}x^3 + 2\frac{1}{2}x^2\frac{1}{2}t^2 + \frac{1}{3}t^3$$

$$v`(x) = x^2 + xt^2 + 0$$

$v(x) \ (x+t)^2$
$$v` = 2(x+t)$$

$$f`(x) = \frac{\left(x^2 + xt^2\right)(x+t)^2 - 2(x+t)\frac{1}{3}x^3 + 2\frac{1}{2}x^2\frac{1}{2}t^2 + \frac{1}{3}t^3}{(x+t)^4}$$

93

$$= \frac{(x+t)\left(\left(x^2-xt^2\right)(x+t)^2-2(x+t)\frac{1}{3}x^3+2\frac{1}{2}x^2\frac{1}{2}t^2+\frac{1}{3}t^3\right)}{(x+t)^4}$$

$$= \frac{\left(x^2+xt^2\right)(x+t)-2\left(\frac{1}{3}x^3+2\frac{1}{2}x^2\frac{1}{2}t^2+\frac{1}{3}t^3\right)}{(x+t)^3} =$$

$$\frac{x^3+tx^2+x^2t^2+xt^2-\frac{2}{3}x^3-x^2t^2-\frac{2}{3}t^3}{(x+t)^3}$$

$$= \frac{\frac{1}{3}x^3+tx^2+xt^2-\frac{2}{3}t^3}{(x+t)^3} = \frac{3\left(\frac{1}{3}x^3+tx^2+t^2x-\frac{2}{3}t^3\right)}{3(x+t)^3} = \frac{x^3-3tx^2-3xt^2-2t^3}{3(x+t)^3}$$

$$= \frac{x^3+3tx^2+3xt^2-2t^3+3t^3-3t^3}{3(x+t)^3}$$

Es gilt nun:

$(a+b)^3 = a^3 + 3a^2b + 3ab^2 + b^3$ Wen man nun folgende Gleichung einsetzt, dann ergibt sich:

$$f\,`(x) = \frac{x^3+3tx^2+3t^2x+t^3-3t^3}{3(x+t)^3} = \frac{(x+t)^3-3t^3}{3(x+t)^3} = \frac{1}{3} - \frac{t^3}{(x+t)^3}$$

Die Ableitung von g (x)

1) $f(x) = a\,e^{\sqrt{g(x)}} = a\,e^{g(x)^{\frac{1}{2}}}$

$u = e^x$ $v =$
$(g(x))^{1/2}$

$$u` = e^x$$

$$v` = \frac{1}{2}g(x)^{-1/2}\, g`(x)$$

$$f`(x) = a\,\frac{1}{2}g(x)^{-1/2}\, g`(x)\, e^{\sqrt{g(x)}} = a\,\frac{g`(x)}{2\sqrt{g(x)}}\, e^{\sqrt{g(x)}}$$

2) $f(x) = \sqrt{g(x)}\,\ln x\,\dfrac{a^{\frac{x}{}}}{\ln a} + \dfrac{1}{a-b}\ln\dfrac{x-a}{x-b}$

$$f`(x) = \frac{1}{2\sqrt{g(x)}}\, g`(x)\,\frac{1}{x}\, a^x + \frac{1}{(x-a)\,(x-b)}$$

3) $f(x) = \dfrac{1}{2}(x-\sin x \cos x)\,4\tan\dfrac{3}{g(x)}$

$$f`(x) = \sin^2 x\,\frac{-4-3}{(g(x))^{2}}\, g`(x)\,\frac{1}{\cot^3 3/g(x)} = -\frac{12}{(g(x))^{2}}\, g`(x)$$

$$\frac{\sin^2 x}{\cos^2 (3/g(x))}$$

4) $f(x) = \tan(2x^3)\, e^{(g(x))^{-\frac{3}{2}}}$

$$u_1 = \tan x$$
$$v_1 = 2x^3$$

$$u`_1 = \frac{1}{\cos^2 x}$$
$$v`_1 = 6x^2$$

$$f_1`(x) = 6x^2\,\frac{1}{\cos^2(2x^3)}$$

$$u_2 = e^x$$
$$v2 = (g(x))^{-3/2}$$

$$u`_2 = e^x$$

$$v2` = -\frac{3}{2}(g(x))^{-5/2}\, u`(x)$$

$$f_2` = \frac{3}{2}(g(x))^{-5/2}\, u`(x)\, e^{\frac{(g(x))^{-\frac{3}{2}}}{}}$$

$$f`(x) = 6x^2\, \frac{1}{cos^2\left(2x\frac{3}{}\right)}\,(g(x))^{-5/2}\, u`(x)\, e^{\frac{(g(x))^{-\frac{3}{2}}}{}} = -9x^2$$

$$\frac{u`(x)\, e^{\frac{(g(x)^{-\frac{3}{2}}}{}}}{cos^2\left(2x\frac{3}{}\right)\sqrt{(g(x))^{\frac{5}{}}}}$$

5) $f(x) = 3\, e^{\frac{1}{cot\frac{3}{x}}} + (2+x^3)\, e^{\frac{tan\frac{3}{x}}{}} + \frac{1}{u(x)}$

$u_1 = e\, x$

$$v_1 = \frac{1}{cot\frac{3}{x}}$$

$u`_1 = e^x$

$$v`_1 = -\frac{x\frac{2}{}}{3}sin^2\frac{3}{x}$$

$$f_1`(x) = 3\left(-\frac{x\frac{2}{}}{3}\right)sin^2\frac{3}{x}\, e^{\frac{1}{cot\frac{3}{x}}}$$

$u_2 = x^2$

$$v_2 = 2 + x^3$$

$u`_2 = 2x$

$$v`_2 = 3x^2$$

$f_2`(x) = 3x^2\, 2(2+x^3) = 6x^2\,(2+x3)^2$

$u_3 = e^x$

$$v_3 = tan\frac{3}{x}$$

$u`_3 = e^x$

$$v`_3 = -\frac{3}{x\frac{2}{}}\frac{1}{cot^2\frac{3}{x}}$$

96

$$f_3{}' = -\frac{3}{x^{\frac{2}{-}}} \frac{1}{cot^{\frac{2}{-}}\frac{3}{x}} e^{\frac{tan\frac{3}{x}}{}}$$

$$u_4 = \frac{1}{u(x)}$$

$$v_4 = u(x)$$

$$u{}`_4 = -\frac{1}{(u(x))^{\underline{2}}} \qquad\qquad v$$

$$`_4 = u{}`(x)$$

$$f_4{}' = u{}`(x) - \frac{1}{(u(x))^{\underline{2}}}$$

$$f{}`(x) = 3\frac{-x^{\frac{2}{-}}}{3}(\sin^2\frac{3}{x}) e\frac{1}{cot\frac{3}{x}}6x^2(2+x^3)^2\frac{-3}{x^{\frac{2}{-}}}\frac{1}{cot^{\frac{2}{-}}\frac{3}{x}}e\frac{tan\frac{3}{x}}{}+\frac{1}{u(x)}$$

$$-\frac{1}{(u(x))^{\underline{2}}}$$

$$= -x^2(\sin^2\frac{3}{x}) e\frac{1}{cot\frac{3}{x}}-18 x^2(2+x^3)^2\frac{1}{x^{\frac{2}{-}}}\frac{1}{cot^{\frac{2}{-}}\frac{3}{x}}e\frac{tan\frac{3}{x}}{}-\frac{1}{u(x)}$$

$$\frac{1}{(u(x))^{\underline{2}}}$$

$$= -x^2(\sin^2\frac{3}{x}) e\frac{1}{cot\frac{3}{x}}-18(2+x^3)^2\frac{1}{x^{\frac{2}{-}}}\frac{1}{cot^{\frac{2}{-}}\frac{3}{x}}e\frac{tan\frac{3}{x}}{}-\frac{1}{u(x)}$$

$$\frac{1}{(u(x))^{\underline{2}}}$$

$$= e\frac{tan\frac{3}{x}}{}(-x^2(\sin^2\frac{3}{x})\frac{e\frac{1}{cot\frac{3}{x}}}{e\frac{tan\frac{3}{x}}{}}-18(2+x^3)^2\frac{1}{cos^{\frac{2}{-}}\frac{3}{x}})-\frac{1}{u(x)}\frac{1}{(u(x))^{\underline{2}}}$$

$$= e\frac{tan\frac{3}{x}}{}(-x^2(\sin^2\frac{3}{x}) e\frac{\frac{1}{cot\frac{3}{x}}-tan\frac{3}{x}}{}-18(2+x^3)^2\frac{1}{cos^{\frac{2}{-}}\frac{3}{x}})-\frac{1}{u(x)}$$

$$\frac{1}{(u(x))^{\underline{2}}}$$

$$= e^{\tan\frac{3}{x}} \left(-x^2 \left(\sin^2 \frac{3}{x}\right) 1 - 18 (2+x^3)^2 \frac{1}{\cos^2\frac{3}{x}}\right) - \frac{1}{u(x)} \cdot \frac{1}{(u(x))^2}$$

$$= e^{\tan\frac{3}{x}} \frac{1}{\cos^2\frac{3}{x}} \left(-x^2 \frac{\sin^2\frac{3}{x}}{\frac{1}{\cos^2\frac{3}{x}}} - 18 (2+x^3)\right) - \frac{1}{u(x)} \cdot \frac{1}{(u(x))^2}$$

$$= e^{\tan\frac{3}{x}} \frac{1}{\cos^2\frac{3}{x}} \left(-x^2 \sin^2 \frac{3}{x} \cos^2 \frac{3}{x} - 18 (2+x^3)\right) - \frac{1}{u(x)} \cdot \frac{1}{(u(x))^2}$$

$$= e^{\tan\frac{3}{x}} \frac{1}{\cos^2\frac{3}{x}} \left(-x^2 \sin^2 \frac{3}{x} \cos \frac{3}{x} \cos \frac{3}{x} - 18 (2+x^3)\right) - \frac{1}{u(x)} \frac{1}{(u(x))^2}$$

$$= e^{\tan\frac{3}{x}} \frac{1}{\cos^2\frac{3}{x}} \left(-x^2 \sin^2 \frac{3}{x} \frac{\sin\frac{3}{x}}{\tan\frac{3}{x}} \cos \frac{3}{x} - 18 (2+x^3)\right) - \frac{1}{u(x)} \frac{1}{(u(x))^2}$$

$$= e^{\tan\frac{3}{x}} \frac{1}{\cos^2\frac{3}{x}} \left(-x^2 \frac{\sin^3\frac{3}{x}}{\tan\frac{3}{x}} \cos \frac{3}{x} - 18 (2+x^3)\right) - \frac{1}{u(x)} \cdot \frac{1}{(u(x))^2}$$

$$= e^{\tan\frac{3}{x}} \frac{1}{\cos^2\frac{3}{x}} \left(-x^2 \frac{\sin^2\frac{3}{x}}{\tan\frac{3}{x}} \frac{\sin\frac{3}{x}}{\tan\frac{3}{x}} - 18 (2+x^3)\right) - \frac{1}{u(x)} \cdot \frac{1}{(u(x))^2}$$

$$= e^{\tan\frac{3}{x}} \frac{1}{\cos^2\frac{3}{x}} \left(-x^2 \frac{\sin^3\frac{3}{x}}{\tan^2\frac{3}{x}} - 18 (2+x^3)\right) - \frac{1}{u(x)} \cdot \frac{1}{(u(x))^2}$$

$$= \frac{e^{\tan\frac{3}{x}}}{\cos^2\frac{3}{x}} \left(-x^2 \frac{\sin^3\frac{3}{x}}{\tan^2\frac{3}{x}} - 18 (2+x^3)\right) - \frac{1}{u(x)} \cdot \frac{1}{(u(x))^2}$$

Die Eulersche Zahl:

1) $f(x) = a\, e^{\dfrac{g(x)^{\frac{z}{y}}}{}}$

von $g(x)^{\frac{z}{y}}$

$u = x^{\frac{z}{y}}$

$\qquad v = g(x)$

$u\,{}^{\grave{}} = \dfrac{z}{y} x^{\frac{z}{y}-1}$

$\qquad v = g\,{}^{\grave{}}(x)$

$f\,{}^{\grave{}}(x) = v\,{}^{\grave{}}\, u\,{}^{\grave{}}(v) = g\,{}^{\grave{}}(x)\, \dfrac{z}{y}\, g(x)^{\frac{z}{y}-1}$

$\gg$ **ganze Formel:**

$f\,{}^{\grave{}}(x) = g\,{}^{\grave{}}(x)\, \dfrac{z}{y}\, g(x)^{\frac{z}{y}-1}\, a\, e^{\dfrac{g(x)^{\frac{z}{y}}}{}}$

Beispiele:

1) $f(x) = a\, e^{\sqrt{g(x)}} = a\, e^{(g(x))^{\frac{1}{2}}}$

$u = x^{\frac{1}{2}}$

$\qquad v = g(x)$

$u\,{}^{\grave{}} = \dfrac{1}{2} x^{-1/2}$

$\qquad v\,{}^{\grave{}} = g\,{}^{\grave{}}(x)$

$f\,{}^{\grave{}}(x) = v\,{}^{\grave{}}\, u\,{}^{\grave{}}(v) = g\,{}^{\grave{}}(x)\, \dfrac{1}{2}\, g(x)^{-1/2} = \dfrac{g\,{}^{\grave{}}(x)}{2\sqrt{g(x)}}$

$\gg$

$$f'(x) = \frac{g'(x)}{2\sqrt{g(x)}}\, a\, e^{\sqrt{g(x)}} = \frac{a\, g'(x)}{2\sqrt{g(x)}}\, e^{\sqrt{g(x)}}$$

2) $f(x) = e^{ax}$

$\qquad f'(x) = a\, e^{ax}$

Beispiel: a = 3

e^{3x}

$\qquad f'(x)\ 3\, e^{3x}$

3) $e^{(ax)^{y}}$

Beispiel: a=2 ; y=3

$f(x) = 3\, e^{(2x)^{3}}$

$f'(x) = 2\ 3\,(2x)^{3-1}\, e^{(2x)^{3}} = 6\ 4x^{2}\, e^{(2x)^{3}} = 24\, x^{2}\, e^{(2x)^{3}}$

4) $f_t(x) = e^{(x+t)^{y}}$

$f'(x) = y\,(x+t)^{y-1}\, e^{(x+t)^{y}}$

Beispiel: y=2

$f_t(x) = e^{(x+t)^{2}}$

$f'_t(x) = 2\,(x+t)^{1}\, e^{(x+t)^{2}} = 2(x+t)\, e^{(x+t)^{2}}$

5) $f(x) = e^{\frac{ax^y}{}}$

$f'(x) = a\,y\,x^{y-1}\,e^{\frac{ax^y}{}}$

Beispiel :

a=4 ; y=5

$f(x) = e^{\frac{4x^5}{}} \gg f'(x) = 4\,5\,x^4 = 20\,x^4$

(6)

Analysis
Die Analysis [a'na:lyzıs] (ανάλυσις *análysis*
‚Auflösung', ἀναλύειν
analýein ‚auflösen') ist ein Teilgebiet der Mathematik.
Als eigenständiges Teilgebiet der Mathematik existiert
die Analysis seit Leonhard Euler (18. Jahrhundert).
Seither ist sie die Mathematik der Natur- und
Ingenieurwissenschaften.

Ihre Grundlagen wurden im 17. Jahrhundert von Gottfried Wilhelm Leibniz
und Isaac Newton als Infinitesimalrechnung unabhängig voneinander
entwickelt. Infinitesimalrechnung ist die mathematische Untersuchung kontinuierlicher Veränderungen, so wie Geometrie die Untersuchung der Form und Algebra die Untersuchung der Verallgemeinerung
arithmetischer Operationen ist.
Zentrale Begriffe der Analysis sind die des Grenzwerts, der Folge, der
Reihe sowie in besonderem Maße der Begriff der Funktion.
Die Untersuchung von reellen und komplexen Funktionen hinsichtlich
Stetigkeit, Differenzierbarkeit und Integrierbarkeit zählt zu den Hauptgegenständen der Analysis.
Grundlegend für die gesamte
Analysis sind die beiden Körper (der Körper der

reellen Zahlen) und   (der Körper der komplexen Zahlen) mitsamt deren geometrischen, arithmetischen, algebraischen und topologischen Eigenschaften.
Teilgebiete der Analysis

Gottfried Wilhelm Leibniz

Isaac Newton

Leonhard Euler

Augustin-Louis Cauchy

Bernhard Riemann

Die Analysis hat sich zu einem sehr allgemeinen, nicht klar abgrenzbaren Oberbegriff für vielfältige Gebiete entwickelt. Neben der Differential- und Integralrechnung umfasst die Analysis weitere Gebiete, welche darauf

aufbauen. Dazu gehören die Theorie der gewöhnlichen und partiellen Differentialgleichungen, die Variationsrechnung, die Vektoranalysis, die Maß- und Integrationstheorie und die Funktionalanalysis.

Eine ihrer Wurzeln hat auch die Funktionentheorie in der Analysis.

So kann die Frage, welche Funktionen die Cauchy-Riemannschen-Differentialgleichungen erfüllen, als Frage der Theorie partieller Differentialgleichungen verstanden werden.

Je nach Auffassung können auch die Gebiete der harmonischen Analysis,

der Differentialgeometrie mit den Teilgebieten Differentialtopologie und

Globale Analysis, der analytischen Zahlentheorie, der

Nichtstandardanalysis, der Distributionentheorie und der

mikrolokalen Analysis ganz oder in Teilen dazu
gezählt werden.

Mehrdimensionale reelle Analysis

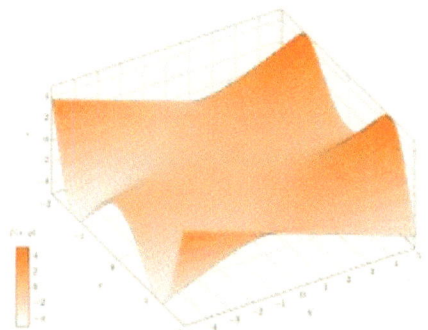

Beispiel für eine
mehrdimensionale
Funktion:

Viele Lehrbücher unterscheiden zwischen Analysis in
einer und Analysis
in mehreren Dimensionen. Diese Differenzierung
berührt die
grundlegenden Konzepte nicht, allerdings gibt es in
mehreren Dimensionen
eine
größere mathematische Vielfalt. Die mehrdimensionale
Analysis
betrachtet Funktionen mehrerer reeller Variablen,
die oft
als ein Vektor beziehungsweise n-Tupel dargestellt
werden.
Die Begriffe der Norm (als Verallgemeinerung des
Betrags), der

Konvergenz, der Stetigkeit und der Grenzwerte lassen sich einfach
von einer in mehrere Dimensionen verallgemeinern. Die Differentiation von Funktionen mehrerer Variablen unterscheidet
sich von der eindimensionalen Differentiation. Wichtige Konzepte sind
die Richtungs- und die partielle Ableitung, die Ableitungen in einer
Richtung beziehungsweise in einer Variable sind. Der Satz von Schwarz
stellt fest, wann partielle beziehungsweise Richtungsableitungen unterschiedlicher Richtungen vertauscht werden dürfen. Außerdem
ist der Begriff der totalen Differentiation von Bedeutung. Dieser kann interpretiert werden als die lokale Anpassung einer linearen Abbildung
an den Verlauf der mehrdimensionalen Funktion und ist das
mehrdimensionale Analogon der (ein-dimensionalen) Ableitung.
Der Satz von der impliziten Funktion über die lokale, eindeutige
Auflösung impliziter Gleichungen ist eine wichtige Aussage der mehrdimensionalen Analysis und kann als eine Grundlage der Differentialgeometrie verstanden werden.
In der mehrdimensionalen Analysis gibt es unterschiedliche
Integralbegriffe wie das Kurvenintegral, das Oberflächenintegral

und das Raumintegral. Jedoch von einem abstrakteren Standpunkt
aus der Vektoranalysis unterscheiden sich diese Begriffe nicht. Zum
Lösen dieser Integrale sind der Transformationssatz als
Verallgemeinerung der Substitutionsregel und der Satz von Fubini,

welcher es erlaubt, Integrale über n-dimensionale Mengen in
iterierte Integrale umzuwandeln, von besonderer Bedeutung.
Auch die Integralsätze aus der Vektoranalysis von Gauß, Green
und Stokes sind in der mehrdimensionalen Analysis von Bedeutung.
Sie können als Verallgemeinerung des Hauptsatzes der Integral- und Differentialrechnung verstanden werden.
Funktionalanalysis
Die Funktionalanalysis ist eines der wichtigsten Teilgebiete der
Analysis. Die entscheidende Idee in der Entwicklung der
Funktionalanalysis war die Entwicklung einer koordinaten- und dimensionsfreien Theorie. Dies brachte nicht nur einen formalen
Gewinn, sondern ermöglichte auch die Untersuchung von Funktionen

auf unendlichdimensionalen topologischen Vektorräumen. Hierbei
werden nicht nur die reelle Analysis und die Topologie miteinander
verknüpft, sondern auch Methoden der Algebra spielen eine wichtige
Rolle. Aus wichtigen Resultaten der Funktionalanalysis wie es
beispielsweise der Satz von Fréchet-Riesz ist, lassen sich zentrale
Methoden für die Theorie partieller Differentialgleichungen ableiten.
Zudem ist die Funktionalanalysis, insbesondere mit der Spektraltheorie,
der geeignete Rahmen zur mathematischen Formulierung der Quantenmechanik und auf ihr
aufbauender Theorien.

Theorie der Differentialgleichungen
Eine Differentialgleichung ist eine Gleichung, die eine unbekannte
Funktion und Ableitungen von dieser enthält.
Treten in der Gleichung nur gewöhnliche Ableitungen
auf, so heißt die Differentialgleichung gewöhnlich. Ein
Beispiel ist die Differentialgleichung

$$y''(t) + \omega_0^2 y(t) = 0$$

des harmonischen Oszillators. Von einer partiellen Differentialgleichung
spricht man, wenn in der Differentialgleichung partielle Ableitungen

auftreten. Ein Beispiel dieser Klasse ist die Laplace-Gleichung

$$\Delta u(x) = 0.$$

Ziel der Theorie der Differentialgleichungen ist es, Lösungen,
Lösungsmethoden und andere Eigenschaften solcher Gleichungen
zu finden. Für gewöhnliche Differentialgleichungen wurde eine
umfassende Theorie entwickelt, mit der es möglich ist, zu gegebenen
Gleichungen Lösungen anzugeben, insofern diese
existieren. Da partielle Differentialgleichungen in ihrer Struktur komplizierter sind, gibt es
weniger Theorie, die auf eine große Klasse von partiellen
Differentialgleichungen angewandt werden kann. Daher untersucht
man im Bereich der partiellen Differentialgleichungen meist nur
einzelne oder kleinere Klassen von Gleichungen. Um Lösungen und Eigenschaften solcher Gleichungen zu finden, werden vor allem
Methoden aus der Funktionalanalysis und auch aus der
Distributionentheorie und der mikrolokalen Analysis eingesetzt.
Allerdings gibt es viele partielle Differentialgleichungen, bei denen
mit Hilfe dieser analytischen Methoden erst wenige Informationen

über die Lösungsstruktur in Erfahrung gebracht werden konnten.

Ein in der Physik wichtiges Beispiel einer solch komplexen partiellen Differentialgleichung ist das System der Navier-Stokes-Gleichungen.

Für diese und für andere partielle Differentialgleichungen versucht man in der numerischen Mathematik näherungsweise Lösungen zu finden.

Funktionentheorie

Im Gegensatz zur reellen Analysis, die sich nur mit Funktionen reeller Variablen befasst, werden in der Funktionentheorie (auch komplexe Analysis genannt) Funktionen komplexer Variablen untersucht. Die Funktionentheorie hat sich von der reellen Analysis mit eigenständigen Methoden und andersartigen Fragen abgesetzt. Jedoch werden einige Phänomene der reellen Analysis erst mit Hilfe der Funktionentheorie richtig verständlich. Das Übertragen von Fragen der reellen Analysis in die Funktionentheorie kann daher zu Vereinfachungen führen.

Formelsammlung Analysis

Integralrechnung

Flächenberechnung

Der Flächeninhalt zwischen der x-Achse und dem Graphen der Funktion $f(x)$ im Intervall von a bis b ist

- $\displaystyle\int_a^b f(x)\mathrm{d}x, \qquad$ falls $f(x) \geq 0 \forall x \in [a,b]$

- $\displaystyle -\int_a^b f(x)\mathrm{d}x, \qquad$ falls $f(x) \leq 0 \forall x \in [a,b]$

- **Andernfalls ist das Intervall durch Bestimmung der Nullstellen**

in solche Teilintervalle zu zerlegen.

Eigenschaften des bestimmten Integrals

$$\int_a^b f(x)\mathrm{d}x = -\int_b^a f(x)\mathrm{d}x$$

$$\int_a^a f(x)\mathrm{d}x = 0$$

$$\int_a^c f(x)\mathrm{d}x = \int_a^b f(x)\mathrm{d}x + \int_b^c f(x)\mathrm{d}x, \qquad a < b < c$$

$$\int_a^b k \cdot f(x)\mathrm{d}x = k \cdot \int_a^b f(x)\mathrm{d}x$$

$$\int_a^b \left(f(x) + g(x)\right)\mathrm{d}x = \int_a^b f(x)\mathrm{d}x + \int_a^b g(x)\mathrm{d}x$$

Integrationsmethoden

Produkt-, Teil- oder partielle Integration

unbestimmt

$$\int f(x)g'(x)\mathrm{d}x = f(x) \cdot g(x) - \int f'(x) \cdot g(x)\mathrm{d}x$$

$$\int f(x) \cdot g(x)\mathrm{d}x = f(x) \cdot G(x) - \int f'(x) \cdot G(x)\mathrm{d}x$$

bestimmt

$$\int_a^b f(x) \cdot g'(x)\mathrm{d}x = [f(x) \cdot g(x)]_a^b - \int_a^b f'(x) \cdot g(x)\mathrm{d}x$$

Integration durch Substitution

unbestimmt

$$\int f(x)\mathrm{d}x = \int f(\varphi(t))\varphi'(t)\mathrm{d}t$$

bestimmt

$$\int_a^b f(\varphi(t)) \cdot \varphi'(t)\mathrm{d}t = \int_{\varphi(a)}^{\varphi(b)} f(x)\mathrm{d}x$$

Spezialfall: *lineare Substitution*

$$\int f(mx + n)\mathrm{d}x = \frac{1}{m}F(mx + n) + C, \qquad m \neq 0$$

$$\int_a^b f(mx + n)\mathrm{d}x = \frac{1}{m}[F(mx + n)]_a^b, \qquad m \neq 0$$

Spezialfall: *logarithmische Integration*

$$\int \frac{f'(x)}{f(x)}\mathrm{d}x = \ln|f(x)| + C, \qquad f(x) \neq 0$$

Näherungsweises Berechnen von Integralen: Numerische Integration

Zerlegungssummen

$$\int_a^b f(x)\mathrm{d}x \approx hf(x_1) + hf(x_2) + \cdots + hf(x_n) \qquad \text{mit } h = \frac{b-a}{n}$$

Keplersche Fassregel

$$\int_a^b f(x)\mathrm{d}x \approx \frac{1}{6} \cdot \left(f(a) + 4 \cdot f\left(\frac{a+b}{2}\right) + f(b) \right)$$

Trapezregel

Sehnentrapez

$$\int_a^b f(x)\mathrm{d}x \approx \frac{f(b)+f(a)}{2} \cdot (b-a)$$

$$\int_a^b f(x)\mathrm{d}x \approx \frac{b-a}{2n}\left(f(x_0) + 2f(x_1) + \cdots + 2f(x_{n-1} + f(x_n))\right)$$

Tangententrapez

$$\int_a^b f(x)\mathrm{d}x \approx \frac{b-a}{2} \cdot \frac{b-a}{2}$$

Simpsonregel

$$\int_a^b f(x)\mathrm{d}x \approx \frac{b-a}{6} \cdot \left(f(a) + 4f\left(\frac{a+b}{2}\right) + f(b) \right)$$

$$\int_a^b f(x)\mathrm{d}x \approx \frac{b-a}{6n} \cdot \left(f(x_0) + 4f(x_1) + 2f(x_2) + 4f(x_3) + 2f \right.$$

Integralfunktion und Hauptsatz der Differential- und Integralrechnung

Integralfunktion

$$F_a(x) = \int_a^x f(t)\mathrm{d}t$$

Hauptsatz der Infinitesimalrechnung

$$F_a(x)' = f(x)$$

Stammfunktion

Jede Funktion heißt *Stammfunktion* von , wenn für alle x des Definitionsbereichs gilt

$$F'(x) = f(x)$$

Dies bezeichnet der Ausdruck

$$\int f(x)\mathrm{d}x$$

Integration

Ist F irgendeine Stammfunktion von f, so gilt

$$\int_a^b f(x)\mathrm{d}x = F(b) - F(a)$$

Spezielle Stammfunktionen

Die Stammfunktionen von sind

$$F(x) = \frac{x^{n+1}}{n+1} + c, \qquad n \neq -1$$

Alles weitere siehe Tabelle von Ableitungs- und Stammfunktionen

Leibnizsche Regel

Die Ableitung -ter Ordnung für ein Produkt aus zwei - fach

differenzierbaren Funktionen und ergibt sich aus

$$(fg)^{(n)} = \sum_{k=0}^{n} \binom{n}{k} f^{(k)} g^{(n-k)}.$$

Gebrochenrationale Funktionen

Funktionsterm:

$$f(x) = \frac{a_z x^z + a_{z-1} x^{z-1} + \cdots + a_1 x + a_0}{b_n x^n + b_{n-1} x^{n-1} + \cdots + b_1 x + b_0} = \frac{P_z(x)}{Q_n(x)}$$

Einteilung

- Ist das Nennerpolynom vom Grad 0 (also $n = 0$ und $b_0 \neq 0$) und ist nicht das Nullpolynom, so spricht man von einer *ganzrationalen oder einer Polynomfunktion.*
- Ist $n > 0$, so handelt es sich um eine *gebrochenrationale Funktion.*
- Ist $n > 0$ und $z < n$, so handelt es sich um eine *echt gebrochenrationale Funktion.*
- Ist $n > 0$ und $z \geq n$, so handelt es sich um eine *unecht*

gebrochenrationale Funktion. Sie kann mittels Polynomdivision in eine ganzrationale Funktion und eine echt gebrochenrationale Funktion aufgeteilt werden.

Definitionsbereich

- $\mathbb{D} = \mathbb{R} \setminus \{x_0 \mid Q_n(x_0) = 0\}$

☐ **Asymptotisches Verhalten: Für strebt**
- [falls] gegen , wobei *sgn* die Vorzeichenfunktion bezeichnet.
- [falls] gegen
- [falls] gegen 0 (die x-Achse)

☐ **Symmetrie**
- Sind und beide gerade oder beide ungerade, so ist gerade (symmetrisch zur y-Achse).
- Ist gerade und ungerade, so ist ungerade

(punktsymmetrisch zum Ursprung); Gleiches
gilt, wenn ungerade und gerade ist.

Polstellen: heißt Polstelle von , wenn

- $Q_n(x_p) = 0$ und $P_z(x_p) \neq 0.$

Asymptoten: Mittels Polynomdivision von durch erhält
man
mit Polynomen und , wobei der Grad von kleiner
als der von ist. Das asymptotische Verhalten von

$$f = \frac{p}{q} = g + \frac{r}{q}$$

ist damit durch die ganzrationale Funktion bestimmt:

- x-Achse ist Asymptote:
- waagerechte Asymptote:
- schräge Asymptote:
- ganzrationale Näherungsfunktion

(7)

Quellenverzeichnis:

(1) Recherche im Internet
(2) Eigene Berechnungen
(3) Recherche im Internet
(4) Eigene Berechnungen
(5) Recherche im Internet
(6) Eigene Berechnungen
(7) Recherche im Internet